DIDÁTICA DA MATEMÁTICA

UMA ANÁLISE DA INFLUÊNCIA FRANCESA

⊞ COLEÇÃO TENDÊNCIAS EM EDUCAÇÃO MATEMÁTICA

DIDÁTICA DA MATEMÁTICA

UMA ANÁLISE DA INFLUÊNCIA FRANCESA

Luiz Carlos Pais

4ª edição

autêntica

Copyright © 2001 Luiz Carlos Pais
Copyright © 2001 Autêntica Editora

Todos os direitos reservados pela Autêntica Editora. Nenhuma parte desta publicação poderá ser reproduzida, seja por meios mecânicos, eletrônicos, seja via cópia xerográfica, sem a autorização prévia da Editora.

COORDENADOR DA COLEÇÃO TENDÊNCIAS EM EDUCAÇÃO MATEMÁTICA
Marcelo de Carvalho Borba
gpimem@rc.unesp.br

CONSELHO EDITORIAL
Airton Carrião/Coltec-UFMG;Arthur Powell/Rutgers University;Marcelo Borba/UNESP;Ubiratan D'Ambrosio/UNIBAN/USP/UNESP;Maria da Conceição Fonseca/UFMG.

EDITORA RESPONSÁVEL
Rejane Dias

REVISÃO
Erick Ramalho

CAPA
Diogo Droschi

DIAGRAMAÇÃO
Camila Sthefane Guimarães

Dados Internacionais de Catalogação na Publicação (CIP)
(Câmara Brasileira do Livro, SP, Brasil)

Pais, Luiz Carlos
Didática da Matemática : uma análise da influência francesa / Luiz Carlos Pais. -- 4. ed. -- Belo Horizonte : Autêntica Editora, 2019. -- (Coleção Tendências em Educação Matemática / coordenação Marcelo de Carvalho Borba)

ISBN: 978-85-513-0663-5

1. Matemática - Pesquisa 2. Matemática - Estudo e ensino 3. Matemática - Formação de professores 4. Prática de ensino I. Pais, Luiz Carlos. II Borba, Marcelo de Carvalho. III. Título. IV. Série.

19-30407   CDD-370.71

Índices para catálogo sistemático:
1. Professores de matemática : Formação : Educação 370.71
Iolanda Rodrigues Biode - Bibliotecária - CRB-8/10014

Belo Horizonte
Rua Carlos Turner, 420
Silveira . 31140-520
Belo Horizonte . MG
Tel.: (55 31) 3465 4500

São Paulo
Av. Paulista, 2.073 . Conjunto Nacional
Horsa I . 23º andar . Conj. 2310-2312
Cerqueira César . 01311-940 . São Paulo . SP
Tel.: (55 11) 3034 4468

www.grupoautentica.com.br

Nota do coordenador

A produção em Educação Matemática cresceu consideravelmente nas últimas duas décadas. Foram teses, dissertações, artigos e livros publicados. Esta coleção surgiu em 2001 com a proposta de apresentar, em cada livro, uma síntese de partes desse imenso trabalho feito por pesquisadores e professores. Ao apresentar uma tendência, pensa-se em um conjunto de reflexões sobre um dado problema. Tendência não é moda, e sim resposta a um dado problema. Esta coleção está em constante desenvolvimento, da mesma forma que a sociedade em geral, e a, escola em particular, também está. São dezenas de títulos voltados para o estudante de graduação, especialização, mestrado e doutorado acadêmico e profissional, que podem ser encontrados em diversas bibliotecas.

A coleção Tendências em Educação Matemática é voltada para futuros professores e para profissionais da área que buscam, de diversas formas, refletir sobre essa modalidade denominada Educação Matemática, a qual está embasada no princípio de que todos podem produzir Matemática nas suas diferentes expressões. A coleção busca também apresentar tópicos em Matemática que tiveram desenvolvimentos substanciais nas últimas décadas e que podem se transformar em novas tendências curriculares dos ensinos fundamental, médio e superior. Esta coleção é escrita por pesquisadores em Educação Matemática e em outras áreas da Matemática, com larga experiência docente, que pretendem estreitar as interações entre a Universidade – que produz pesquisa – e os diversos cenários em que se realiza essa educação. Em alguns livros, professores da educação básica se tornaram também autores. Cada livro indica uma extensa bibliografia na qual o leitor poderá buscar um aprofundamento em certas tendências em Educação Matemática.

Neste livro, Luiz Carlos Pais apresenta aos leitores conceitos fundamentais de uma tendência que ficou conhecida como "Didática Francesa". Educadores Matemáticos Franceses na sua maioria desenvolveram um modo próprio de ver a educação centrada na questão do ensino da matemática. Vários Educadores Matemáticos do Brasil adotaram alguma versão dessa tendência ao trabalhar com concepções dos alunos, com formação de professores dentre outros temas. O autor é um dos maiores especialista no país nessa tendência e o leitor verá isso ao se familiarizar com conceitos como transposição didática, contrato didático, obstáculos epistemológicos e engenharia didática dentre outros.

*Marcelo C. Borba**

---

* Marcelo de Carvalho Borba é licenciado em Matemática pela UFRJ, mestre em Educação Matemática pela Unesp (Rio Claro, SP) doutor, nessa mesma área pela Cornell University (Estados Unidos) e livre-docente pela Unesp. Atualmente, é professor do Programa de Pós-Graduação em Educação Matemática da Unesp (PPGEM), coordenador do Grupo de Pesquisa em Informática, Outras Mídias e Educação Matemática (GPIMEM) e desenvolve pesquisas em Educação Matemática, metodologia de pesquisa qualitativa e tecnologias de informação e comunicação. Já ministrou palestras em 15 países, tendo publicado diversos artigos e participado da comissão editorial de vários periódicos no Brasil e no exterior. É editor associado do ZDM (Berlim, Alemanha) e pesquisador 1A do CNPq, além de coordenador da Área de Ensino da CAPES (2018-2022).

Sumário

Introdução
Conceitos da Didática da Matemática 11

Capítulo I
Trajetórias do saber e a transposição didática 19
Transposição dos saberes 19
Transposição didática 20
Criações didáticas 21
Exemplos de transposição didática 22
Saber científico e saber escolar 23
Vigilância didática 24
Dimensões do fenômeno didático 26
Contextualização do saber 27

Capítulo II
Referências da Didática da Matemática 31
Saber matemático 31
Trabalho do professor de Matemática 34
Epistemologia do professor 35
Aprendizagem da Matemática 37
Conhecimento e saber 37

Capítulo III
Obstáculos epistemológicos e didáticos 41
Contexto de criação do conceito 41
Os obstáculos e a Matemática 42
Obstáculos didáticos 45
Diferentes tipos de obstáculos 49

Capítulo IV
Formação de conceitos e os campos conceituais 51

Referências teóricas 51

Conceitos e esquemas 53

Os conceitos e as definições 55

Significado do conceito 56

O estado de devir dos conceitos 57

Dimensão experimental e os conceitos 59

Complexidade do conceito 60

Campos conceituais e a Informática 61

Capítulo V
Momentos pedagógicos e as situações didáticas 63

Noção de situação didática 63

Especificidade educacional do saber matemático 65

As situações adidáticas 65

Aprendizagem por adaptação 67

Resolução de problemas 68

Diferentes tipos de situações didáticas 69

Problema da validação do saber 72

Capítulo VI
Jogo pedagógico ou o contrato didático 75

Noção de contrato didático 76

Ruptura do contrato didático 78

Três exemplos de contrato didático 80

Contrato, costume e alienação 83

Capítulo VII
Cotidiano escolar e os efeitos didáticos 87

Efeito Topázio 87

Efeito Jourdain 90

Efeito da Analogia 91

Deslize metacognitivo 93

Efeito Dienes 94

Capítulo VII
Questões metodológicas e a engenharia didática 97
Noção de engenharia didática 97
As quatro fases da engenharia didática 99
Dimensão teórica e experimental da pesquisa 101
Metodologia e técnica de pesquisa 103
Elementos de síntese 105

Considerações finais 107
Os valores da Didática da Matemática 107
Questões metodológicas 108
Enfoque conceitual da didática.. 109
Perspectiva de uma tendência educacional 114

Notas 115

Bibliografia comentada 117

Referências 123

Introdução

Conceitos da Didática da Matemática

Quando escrevemos sobre conceitos criados por outros autores, seria bom preservar toda a essência das ideias originais e sempre esclarecer o que foi adicionado por conta de nossa interpretação. Ao escrever este livro, estamos imbuídos dessa intenção de resguardar o sentido original das noções apresentadas, embora, a complexidade do objeto educacional não possa ser esquecida. Nesse sentido, podemos indagar se é possível descrever conceitos pedagógicos com a mesma objetividade com que definimos conceitos matemáticos. Uma definição matemática comporta o sentido pleno de um conceito? O ensino da matemática pode se resumir à apresentação de uma sequência de axiomas, definições e teoremas? Ao colocar essas questões, estamos explicitando nossa vontade de defender a expansão das condições de objetividade das noções didáticas, pois acreditamos que esta seja uma meta fundamental para manter o aspecto científico da área com a qual trabalhamos.

Foi a partir dessas dúvidas que nasceu o objetivo deste livro: apresentar uma análise introdutória da linha francesa da Didática da Matemática, procurando destacar uma de suas características principais: a formalização conceitual de suas constatações práticas e teóricas. Trata-se de priorizar, duplamente, o estudo da didática através de conceitos, pois, por um lado, temos o problema da formação dos conceitos matemáticos, por outro, a formação dos conceitos didáticos referentes ao fenômeno da aprendizagem da matemática.

Diante dessa prioridade, é natural indagar pelos argumentos que justificam o enfoque conceitual na didática. Seria uma influência direta das características do próprio saber matemático?

Essa questão nos conduz ao centro da análise apresentada nos próximos capítulos, onde a descrição das noções está sempre acompanhada por várias indagações, pois consideramos esta estratégia uma fonte de motivação para nutrir nossas reflexões. Nosso desejo é que o leitor compartilhe desse exercício de reflexão, com a finalidade sincera de participar do desafio educacional da matemática. Por certo, não temos respostas para todas as questões formuladas, o que indica a necessidade de novos estudos e a leitura das fontes originais é o caminho para aprofundar os temas abordados. Todos esses temas dizem respeito à Educação Matemática e por esse motivo, somos levados a explicitar nossas concepções quanto a esta área educacional.

A *Educação Matemática* é uma grande área de pesquisa educacional, cujo objeto de estudo é a compreensão, interpretação e descrição de fenômenos referentes ao ensino e à aprendizagem da Matemática nos diversos níveis da escolaridade, quer seja em sua dimensão teórica ou prática. Além dessa definição ampla, a expressão *Educação Matemática* pode ser ainda entendida no plano da prática pedagógica, conduzida pelos desafios do cotidiano escolar. Sua consolidação como área de pesquisa é relativamente recente, quando comparada com a história milenar da matemática e o seu desenvolvimento recebeu um grande impulso, nas últimas décadas, dando origem a várias *tendências teóricas,*[1] cada qual valorizando determinadas temáticas educacionais do ensino da matemática. Entre as várias tendências que compõem a Educação Matemática, no Brasil, destacamos neste trabalho, a Didática da Matemática que se caracteriza pela influência de autores franceses. Esta diferenciação, entre *Educação Matemática* e *Didática da Matemática* é necessária, pois não se trata apenas de um problema de tradução, uma vez que, na França, esta última expressão é usada para representar a própria área de pesquisa educacional da matemática. Daí nossa preocupação em esclarecer o significado da nomenclatura em relação ao contexto educacional brasileiro, onde, além disso, a expressão *Didática da Matemática* pode ser confundida como a disciplina pedagógica de didática aplicada ao ensino da matemática.

Neste contexto, a pergunta "O que é Didática da Matemática?" tem sido feita inúmeras vezes, com as mais variadas finalidades. Aqui, não queremos repeti-la simplesmente para obedecer a um ritual acadêmico, interno a um grupo de pesquisa, ou para satisfazer uma questão de estilo. Apostamos na possibilidade sincera de tentar atingir a uma postura em que a análise reflexiva é cultivada como uma prática indispensável para a defesa de qualquer teoria. Dessa forma, optamos pela formulação de uma definição relativa ao contexto brasileiro:

> A Didática da Matemática é uma das tendências da grande área de Educação Matemática, cujo objeto de estudo é a elaboração de conceitos e teorias que sejam compatíveis com a especificidade educacional do saber escolar matemático, procurando manter fortes vínculos com a formação de conceitos matemáticos, tanto em nível experimental da prática pedagógica, como no território teórico da pesquisa acadêmica.

Essa concepção visa compreender as condições de produção, registro e comunicação do conteúdo escolar da matemática e de suas consequências didáticas. Dessa forma, todos os conceitos didáticos se destinam favorecer à compreensão das múltiplas conexões entre a teoria e a prática e esta condição é um dos princípios dessa área de estudo. A dimensão teórica é entendida como sendo o ideário resultante da pesquisa e a prática como sendo a condução do fazer pedagógico. Isso indica que os elementos do *sistema didático*[2] devem ser fortemente integrados entre si, não sendo possível separá-los das relações entre professor, aluno e o saber. Por exemplo, como o rigor e o formalismo são características do pensamento matemático, a relação pedagógica entre o professor e os alunos, na prática educativa da matemática, pode ser condicionada por procedimentos influenciados por esses aspectos relativos ao próprio saber, os quais, na realidade, não pertencem à natureza do trabalho didático.

A partir das concepções acima, gostaríamos de estudar uma noção pedagógica que pudesse nos auxiliar na difícil tarefa de compreender as transformações por que passam os conteúdos de matemática ensinados na escola. Quais são as fontes de influências na formação do saber matemático previsto na educação escolar? Quem participa do extenso processo seletivo dos conceitos matemáticos ensinados na escola? Qual é o papel dos matemáticos, professores, autores de livros, alunos, especialistas, na definição da forma final pela qual a matemática é apresentada aos alunos? Visando a um pouco de luz para essas interrogações, reservamos um capítulo para apresentar a noção de *transposição didática*, a qual se revela como uma ideia centralizadora da Educação Matemática porque está associada a vários outros conceitos. *A título de exemplo*, a transposição didática permite interpretar as diferenças que ocorrem entre a origem de um conceito da matemática, como ele encontra-se proposto nos livros didáticos, a intenção de ensino do professor e, finalmente, os resultados obtidos em sala de aula.

Defendemos que uma referência importante para interpretar o problema da conciliação entre as dimensões prática e teórica da didática pode ser fundamentada no pensamento filosófico de Gastão Bachelard (1884-1961), cuja influência em nossas interpretações é facilmente perceptível. A esse propósito, destacamos a aplicação que fazemos de noção de *racionalismo aplicado*, que consiste na valorização de uma permanente integração entre a dimensão racional de uma teoria e sua projeção no plano experimental. Para Bachelard, toda análise teórica deve ser submetida ao crivo de uma verificação experimental, da mesma forma que toda experiência deve ser submetida ao controle de uma posição racional, defendendo que razão e experiência formam dois polos complementares do pensamento científico.

Outro conceito procedente da obra de Bachelard são os *obstáculos epistemológicos*, cuja análise, no caso da matemática, deve ser realizada com uma razoável cautela, visto que esta disciplina apresenta uma certa regularidade no registro de sua evolução histórica. Assim, a transferência da noção, do campo das ciências naturais para a matemática, não ocorre com tanta facilidade como pode parecer. Uma das alternativas para superar essa dificuldade é admitir a existência dos *obstáculos didáticos*, que ocorrem mais particularmente em nível da aprendizagem escolar. Sendo esta noção motivada pela comparação entre a evolução dos conceitos, no plano histórico dos saberes científicos, e o fenômeno cognitivo, no plano subjetivo da elaboração do conhecimento. *Um exemplo* de obstáculo didático, relativo ao aspecto semântico da linguagem matemática, é o caso do aluno que afirma: "as retas concorrentes são aquelas que estão uma ao lado da outra, como a posição de dois corredores que concorrem entre si." Este exemplo mostra como a linguagem do cotidiano pode servir de obstáculo para a compreensão do significado de um conceito simples da geometria euclidiana.

Pretendemos direcionar nossas reflexões para saber como que os obstáculos didáticos podem facilitar a investigação da formação dos conceitos. Seguindo essa direção, indagamos sobre o funcionamento específico da formação dos conceitos matemáticos. É possível planejar uma atividade de ensino, envolvendo um único conceito matemático? Quais são os elementos precedentes que entram na síntese cognitiva de um novo conceito? Explicitamos essas questões para mostrar o motivo pelo qual propomos uma análise inicial da teoria dos *campos conceituais,* desenvolvida por Vergnaud (1993). Será que essa teoria permite uma valorização simultânea das especificidades conceituais da matemática e da educação? Antecipamos nosso entendimento de que esta teoria indica uma consistente proposta didática para o problema da construção do significado do saber escolar, com a participação efetiva do aluno no processo cognitivo. Além disso, está em sintonia com a ideia contemporânea de contextualização do saber escolar, reforçando, assim, sua importância para a Educação Matemática.

Um exemplo de contextualização do saber pode ser dado pelas atividades de ensino relativas ao tratamento de dados numéricos (porcentagem, gráficos, tabelas, razão, proporção...), por ocasião das eleições políticas, quando os alunos ficam envolvidos pelo clima dos debates eleitorais. Este contexto transcende o aspecto conceitual e oferece a oportunidade para o professor articular o conteúdo matemático com os temas transversais da ética e da cidadania.

Uma dúvida legítima pode surgir quando indagamos pela aplicação prática desses conceitos, considerando o espaço vivo de uma sala de aula. Não estaríamos nos perdendo num labirinto de ideias abstratas e distantes da competência necessária para o exercício docente? Como podemos valorizar todas essas ideias, quando se trata de uma ação tão imediata como planejar uma aula? Estaríamos induzindo o leitor a desvalorizar o aspecto experimental da didática? Essas questões nos leva a uma tomada de decisão a favor de estudar mais um conceito didático, porém com a condição de que este possa contemplar a legitimidade dessas dúvidas. A solução é indicada pelo estudo das *situações didáticas*, analisadas por Brousseau (1996).

Em nível da sétima série do ensino fundamental, podemos analisar uma situação didática proposta com o objetivo de ensinar a demonstração de que a soma dos ângulos internos de um triângulo qualquer é igual à soma de dois ângulos retos. Na classificação proposta por Brousseau, esta é uma situação de institucionalização do saber e tem a finalidade de sintetizar a validade de uma proposição, buscando um maior nível de generalidade, como exige o saber matemático escolar. Portanto, o estudo das situações reforça a integração entre os aspectos teórico e experimental da didática. Por certo, esta noção fornece um modelo para compreender uma parte essencial da prática pedagógica de matemática, mas quando a vida escolar flui com toda sua vitalidade, ocorrem influências de um conjunto de regras que conduzem o sistema didático. Dessa forma, somos levados a estudar o contrato didático.

A noção de *contrato didático*, descrita por Brousseau (1986), diz respeito às regras que regem a quase totalidade do funcionamento da educação escolar, em seus diversos níveis. No contexto da sala de aula, este contrato estabelece condições que devem ser acatadas pelo professor e pelos alunos. Por exemplo, todo problema de matemática, proposto pelo professor, deve necessariamente ter uma solução logicamente compatível com o nível de conhecimento dos alunos, caso contrário, estará ocorrendo a ruptura de uma regra consolidada do contrato didático do ensino da matemática.

Com isso podemos perceber que o contrato didático é uma noção apropriada para compreender o fenômeno educacional, no plano mais específico da sala de aula, embora, na realidade do cotidiano escolar, aconteçam fatos não previsíveis, dificultando a realização dos objetivos propostos. Por exemplo, uma situação relativamente frequente no ensino da matemática é aquela em que o professor, ansioso para "solucionar" uma dificuldade de aprendizagem do aluno, acaba lhe fornecendo a solução completa do problema, impedindo sua participação na elaboração da resposta. Na Didática da Matemática, uma tal situação é considerada como um tipo de *efeito didático*. Diante da possibilidade de ocorrerem estes fatos, dedicamos um capítulo para análise dessa noção, apresentada por Brousseau (1996). Trata-se de um momento decisivo para a continuidade e o sucesso da aprendizagem. Quanto às causas desses efeitos, indagamos a propósito de suas correlações com o problema da formação do professor. A metodologia de ensino estará também relacionada com à possibilidade de ocorrer esses efeitos didáticos? Ao colocar essas indagações, estamos levantando correlações possíveis entre a noção de efeito didático outras dimensões do sistema didático.

A criação ou a transformação de conceitos torna-se possível através da pesquisa e a realização desta exige a orientação de um método. Nesse sentido, levantamos questões que nos parecem ser aqui pertinentes: Como é possível garantir a validade dos resultados das pesquisas em Didática da Matemática? Qual é o sentido que deve ser atribuído ao método utilizado em uma pesquisa educacional da matemática? Como organizar os procedimentos operacionais de uma pesquisa? Essas questões serão estudadas no capítulo reservado para a *Engenharia Didática*, o qual se destina aos leitores interessados em discutir o problema da metodologia de pesquisa educacional. Este é um tema central na estruturação de toda proposta que visa a assegurar uma maior sistematização e validade da pesquisa. Fazemos nossas considerações a partir da leitura do texto de Artigue (1996), o qual nos serviu de motivação para destacar uma diferença conceitual entre metodologia e técnica de pesquisa. Em síntese, com a questão metodológica esperamos fechar um ciclo temporário de nossas indagações reflexivas, chegando a algumas conclusões para que a pesquisa em Didática da Matemática possa lançar um traço mais duradouro no complexo espaço da educação escolar.

Capítulo I

Trajetórias do saber e a transposição didática

O objetivo deste capítulo é descrever um estudo das transformações por que passam os conteúdos da Educação Matemática, através da noção de *transposição didática*, tal como foi definida por Chevallard (1991). Fazemos isto com a consciência de que se trata da tentativa de divulgar uma noção essencialmente acadêmica para o território mais amplo da formação de professores e da iniciação à pesquisa. Ao realizar esta descrição, estamos pressupondo que o fenômeno educacional da matemática se revela por uma multiplicidade de dimensões, a qual deve ser considerada na análise de qualquer situação relativa ao ensino desta disciplina. Quando se trata da prática pedagógica, a análise dessa multiplicidade requer priorizar alguns aspectos, tal como a seleção de conteúdos e materiais didáticos, sem perder de vista suas conexões com o horizonte mais amplo da educação. É com essa visão que abordamos a noção de transposição didática, sendo uma de suas dimensões o caminho evolutivo dos conceitos.

Transposição dos saberes

A transposição didática pode ser entendida como um caso especial da transposição dos saberes, sendo esta entendida no sentido da evolução das ideias, no plano histórico da produção intelectual da humanidade. No caso das ciências e da matemática, essa evolução ocorre sob um controle mais intenso dos respectivos paradigmas. De acordo com Khun (1975), os paradigmas são princípios e regras que os membros de uma comunidade científica compartilham entre si, visando à validação dos saberes produzidos nesse contexto. Para que uma produção seja reconhecida como científica é preciso que os membros da respectiva comunidade respeitem o conjunto dessas regras. Dessa forma, os conceitos de transposição e o próprio saber científico estão interligados, o que fica mais evidente quando sua análise é remetida ao plano pedagógico, onde toda transposição está relacionada a um saber específico, assim como toda aprendizagem se faz sob a influência de uma transposição.

A noção de transposição pode ser analisada no domínio mais específico da aprendizagem para caracterizar o fluxo cognitivo relativo à evolução do conhecimento, restrita ao plano das elaborações subjetivas, pois é nesse nível que ocorre o núcleo do fenômeno. A conveniência em destacar essa dimensão da transposição está associada à necessária aplicação de conhecimentos anteriores para a aprendizagem de um novo conceito. Na síntese de uma nova ideia, cada um desses momentos não subsiste sem uma base anterior. Este é o sentido estrito da cognição normal, ou seja, nenhum conceito surge sem a existência de um precedente. Assim, quando se trata da produção de um conhecimento, existe um processo que caracteriza a ideia de transposição. Por esta razão, ao estudá-la, é bom destacar uma diferença entre o saber e o conhecimento. Mesmo que no cotidiano não seja usual fazer essa distinção, para tentar reforçar as bases de estudo da Didática da Matemática, somos levados a buscar maior clareza para o uso desses termos, no próximo capítulo.

Transposição didática

O estudo das prioridades que orientam a prática pedagógica é também uma das atribuições da didática, que deve fornecer referências a fim de estabelecer propostas de conteúdo para a educação escolar. Não se trata de uma escolha direta e imediata, e, sim, da existência de um longo processo seletivo por que passam os saberes. Uma das fontes de seleção do saber escolar é a própria história das ciências, que através de sucessivas transformações, fornece a parte essencial do conteúdo curricular. Estes têm conexões com a ciência, mas se mantêm pelas suas características próprias. A noção de transposição estuda a seleção que ocorre através de uma extensa rede de influências, envolvendo diversos segmentos do sistema educacional. Essas ideias aparecem na definição dada por Chevallard:

> Um conteúdo do conhecimento, tendo sido designado como saber a ensinar, sofre então um conjunto de transformações adaptativas que vão torná-lo apto a tomar lugar entre os objetos de ensino. O trabalho que, de um objeto de saber a ensinar faz um objeto de ensino, é chamado de transposição didática. (CHEVALLARD, 1991)

O estudo da trajetória dos saberes permite visualizar suas fontes de influências, passando pelos saberes científicos e por outras áreas do conhecimento humano. São influências que contribuem na redefinição de aspectos conceituais e também na reformulação de sua forma de apresentação. O conjunto das fontes de influências na seleção dos conteúdos recebe o nome de *noosfera*, segundo descrição de Chevallard, da qual fazem parte: cientistas, professores, especialistas, políticos, autores de livros e outros agentes que interferem no processo educativo. O resultado da influência da noosfera condiciona o funcionamento de todo o sistema didático. O trabalho seletivo resulta não só na escolha de conteúdos, como também na definição de valores, objetivos e métodos, que conduzem o sistema de ensino.

Criações didáticas

A escolha dos conteúdos escolares se faz principalmente através das indicações contidas nos parâmetros, programas, livros didáticos, softwares educativos, entre outras fontes. Mas, embora tais fontes sejam preexistentes ao processo de escolha, é possível perceber que alguns conteúdos são verdadeiras *criações didáticas* incorporadas aos programas, motivadas por supostas necessidades do ensino, servindo como recurso para facilitar a aprendizagem. A princípio, tais criações têm uma finalidade eminentemente didática, entretanto, o problema surge quando sua utilização acontece de forma desvinculada de sua finalidade principal. Este é o caso dos produtos notáveis que, quando ensinados sem um contexto significativo, passam a figurar apenas como o objeto de ensino em si mesmo. Para estar atento a essas distorções, se faz necessário cultivar um permanente espírito de vigilância que deve prevalecer ao longo de toda a análise da transposição didática, pois é o conjunto das criações didáticas que evidencia a diferença entre o saber científico e o saber ensinado.

Exemplos de transposição didática

Um exemplo de transposição didática, descrito por Chevallard (1991), é o conceito de distância. Desde a época em que podemos falar da influência de Euclides na geometria, a noção de distância entre dois pontos foi estudada de uma forma quase espontânea. Entretanto, em 1906, essa noção foi generalizada pelo matemático Fréchet[3] com o objetivo de trabalhar com os chamados espaços de funções. Como consequência, a partir da década de 1970, após passar por diversas transformações, a noção foi inserida no currículo escolar francês. Antes dessa data, ela já era estudada como uma ferramenta para os matemáticos. Após sua inclusão nos programas, ela passou a ser estudada, quase sempre, como um objeto de estudo em si mesmo, sem necessariamente ter vínculos com aplicações compreensíveis para o aluno.

Quando a evolução das ideias é analisada em relação a um determinado conceito, como no caso da noção de distância, trata-se de uma *transposição didática stricto sensu*. Por outro lado, se a análise é desenvolvida no contexto mais amplo, não se atendo a uma noção particular, trata-se de uma *transposição didática lato sensu*. O Movimento da Matemática Moderna é *um exemplo* de transposição didática *lato sensu*. O contexto inicial desse movimento era muito diferente do que prevaleceu na proposta curricular. O resultado da reforma foi muito diferente da proposta do plano intencional. Acreditava-se que era possível uma abordagem estruturalista para o ensino da matemática, sendo esta tentativa incrementada com o uso de novas técnicas de ensino, esperando que fosse possível obter uma aprendizagem mais fácil do que a tradicional. Diversas criações didáticas surgiram para tentar viabilizar essa proposta. Este é o caso, dos *diagramas de Venn*, que de recurso para representação gráfica, passaram a ser ensinados como conteúdo em si mesmo. Nesse caso, as diversas reformulações ocorridas resultaram em inversões tão fortes que contribuíram para o fracasso do movimento, conforme análise descrita por Kline (1976).

Saber científico e saber escolar

O *saber científico* está associado à vida acadêmica, embora nem toda produção acadêmica represente um saber científico. Trata-se de um saber criado nas universidades e nos institutos de pesquisas, mas que não está necessariamente vinculado ao ensino básico. Sua natureza é diferente do saber escolar. Podemos destacar a existência de uma diferença entre a linguagem empregada no texto científico e escolar. Para análise dos saberes escolares é necessário que se coloque o problema da linguagem. Se, por um lado, o saber científico é registrado por uma linguagem codificada, o saber escolar não deve ser ensinado nessa forma, tal como se encontram redigidos nos textos e relatórios técnicos. A desconsideração desse aspecto favorece a transformação da linguagem em uma dificuldade adicional. Assim, a linguagem é considerada como um elemento que interfere diretamente no sistema didático, pois guarda uma relação direta com o fenômeno cognitivo. A formalização precipitada do saber escolar, por vezes, através de uma linguagem carregada de símbolos e códigos, se constitui em uma possível fonte de dificuldade para a aprendizagem.

O *saber escolar* representa o conjunto dos conteúdos previstos na estrutura curricular das várias disciplinas escolares valorizadas no contexto da história da educação. Por exemplo, no ensino da matemática, uma parte dos conteúdos tem suas raízes na matemática grega, de onde provém boa parte de sua caracterização. Existe uma forma na qual as atividades são normalmente apresentadas aos alunos e vários aspectos estão vinculados aos conceitos matemáticos tal como foram criados. Em seguida, ocorrem várias mudanças, não só no conteúdo, como em vários outros elementos do sistema didático. Na passagem do saber científico ao saber previsto na educação escolar, ocorre a criação de vários recursos didáticos, cujo resultado prático ultrapassa os limites conceituais do saber matemático. A partir do surgimento desses recursos, surgem também as *criações didáticas* que fornecem o essencial da intenção de ensino da disciplina. Nessa etapa, predomina uma forma direcionada para o trabalho do professor. Nessa perspectiva, enquanto o saber acadêmico está vinculado à descoberta da ciência, o trabalho docente envolve simulações dessa descoberta.

Enquanto o *saber científico* é apresentado através de artigos, teses, livros e relatórios; o *saber escolar* é apresentado através de livros didáticos, programas e de outros materiais. O processo de ensino leva finalmente ao *saber ensinado*, que é aquele registrado no plano de aula do professor e que não coincide necessariamente com a intenção prevista nos objetivos programados. A análise do saber ensinado coloca em evidência os desafios da metodologia de ensino, a qual não pode ser dissociada da análise dos valores e dos objetivos da aprendizagem. Por outro lado, não há garantia de que, no plano individual, o conteúdo aprendido pelo aluno corresponda exatamente ao conteúdo ensinado pelo professor. Assim, pode-se chegar a conclusões distantes da proposta inicial e que, em casos extremos, permanecem apenas vestígios da intenção original. Por esta razão, o conteúdo escolar não pode ser concebido apenas como uma simplificação do saber científico. Finalmente, enquanto o saber científico é validado pelos paradigmas da área, o saber escolar está sob o controle de um conjunto de regras que condiciona as relações entre professor, aluno e saber.

Vigilância didática

A aplicação de uma teoria deslocada de seu território original torna-se estéril, perde seu significado, obscurece sua validade e confunde a solução do problema estudado naquele momento. Assim, é preciso sempre estar atento à eficiência de uma interpretação pedagógica, o que depende fortemente da consciência de quem analisa o fenômeno. Em suma, é necessário o exercício de uma *vigilância didática*. Esta é uma das atribuições do trabalho docente, que deve estar ancorado tanto nos saberes científicos como em uma concepção educacional.

O deslocamento de uma teoria fere o espírito da vigilância, além de ser um obstáculo do tipo de uma generalização precipitada, fazendo com que sua validade educacional dependa de seus vínculos com contexto original. Nesse sentido, não devemos incorrer no erro de confundir a análise filosófica de uma questão matemática com a intenção de proceder a uma análise matemática de uma posição filosófica. Mais particularmente, quando perguntamos "O que é o número?", trata-se de uma questão pertinente à teoria do conhecimento, portanto, de natureza filosófica. A tentativa de responder com argumentos puramente matemáticos leva a um desvio de explicação, pois a questão inicial não pertence exclusivamente à matemática, mostrando a importância de uma componente epistemológica na formação do professor.

O interesse que temos em analisar o problema do cruzamento indevido de explicações é relativo a dignificar a natureza do trabalho didático, buscando diferenciá-lo daquele do próprio cientista. Para quem trabalha com a criação das ciências, as questões educacionais estão, normalmente, restritas aos fatos científicos. Daí a tendência a priorizar um olhar deslocado para o fenômeno educativo. Para o educador, pelo contrário, os fatos científicos não podem predominar no tratamento do objeto pedagógico e, quando isto acontece, a amplitude do fenômeno cognitivo é sensivelmente reduzida. É isto que estamos denominando de deslocamento de explicações.

Um outro exemplo, referente ao cruzamento indevido de explicações, é a confusão feita entre o método de construção lógica da matemática e os desafios de sua metodologia de ensino. Em outros termos, a aprendizagem da matemática não se realiza da mesma forma sequencial, tal qual aparece na redação textual da matemática. Até mesmo o matemático somente consegue uma clara linearidade ao apresentar uma demonstração, como resultado de uma longa e complexa trajetória de raciocínio e não como o ponto inicial de uma aprendizagem.

Queremos com isso destacar a inconveniência de tentar aplicar uma determinada teoria, fora do horizonte em que foi desenvolvida.

Por esse motivo, os conceitos didáticos aqui estudados destacam a especificidade da Educação Matemática. Em outros termos, há um equívoco frequente em tentar explicar fenômenos de uma área de conhecimento por intermédio de teorias pertinentes a outras áreas. Assim, uma teoria criada para modelizar um problema didático não terá necessariamente sua validade assegurada em um outro contexto. Isso é o que caracteriza um deslocamento teórico: a tentativa de realizar uma generalização indevida, podendo, até mesmo, se tornar um obstáculo ao desenvolvimento do saber, pois o grau de generalidade depende dos limites impostos pelo método utilizado na síntese dessa teoria.

Dimensões do fenômeno didático

Na análise do discurso científico e educacional, destacam-se duas variáveis associadas à temporalidade: o tempo didático e tempo de aprendizagem. Não podemos pensar em um planejamento didático sem considerar atentamente essas duas condicionantes. O *tempo didático* é aquele marcado nos programas escolares e nos livros didáticos em cumprimento a uma exigência legal. Ele prevê um caráter cumulativo e irreversível para a formalização do saber escolar. Isso implica no pressuposto de que seja sempre possível enquadrar a aprendizagem do saber escolar em um determinado espaço de tempo. Há uma crença de que a aprendizagem é sempre sequencial, lógica, puramente racional e organizada através de uma lista de conteúdos. Como se fosse possível compará-la à linearidade da apresentação do saber matemático. Seu compromisso está mais voltado para o texto sintético do saber e para o cumprimento de um programa curricular do que para os desafios do fenômeno cognitivo.

O *tempo de aprendizagem* é aquele que está mais vinculado com as rupturas e conflitos do conhecimento, exigindo uma permanente reorganização de informações e que caracteriza toda a complexidade do ato de aprender. É o tempo necessário para o aluno superar os bloqueios e atingir uma nova posição de equilíbrio. Trata-se de um tempo que não é sequencial e nem pode ser linear na medida em que é sempre necessário retomar concepções precedentes para poder transformá-las e cada sujeito tem o seu próprio ritmo para conseguir fazer isto. Na comparação entre esses dois tempos, a subjetividade não pode ser reduzida às exigências do planejamento didático. São ideias que não podem ser identificadas e marcam um ponto crucial da *avaliação didática*.[4] Na prática, identifica-se uma certa confusão entre esses dois tempos, cuja superação passa pela retomada de noções já estudadas, buscando novos níveis de formalização dos conceitos. Trata-se de compreender o funcionamento dos níveis de conceitualização, estabelecendo um constante movimento de aproximação do saber.

Para melhor compreender esses dois tempos é preciso voltar a uma outra especificidade do ensino da matemática, a *resolução de problemas*, que é o motor propulsor do saber escolar da matemática. Mesmo que no ensino escolar o seu estatuto seja diferente daquele da pesquisa, o problema sempre envolve uma relação entre o que já se encontra assimilado e o novo conhecimento. No plano pessoal, essa relação leva a uma dialética entre o novo e o antigo. Daí, para ocorrer a aprendizagem, é preciso a superação das contradições inerentes a essa dialética. A dificuldade é que essa superação não é mensurável em termos quantitativos e definitivos. Dessa forma, um determinado conteúdo pode permanecer como um bloqueio para o aluno, mesmo depois de muito tempo em que lhe foi apresentado. Este é o caso quando o aluno arrasta, por muitos anos, dificuldades referentes à aprendizagem de conteúdos estudados nas primeiras séries da escolaridade, gerando os conhecidos "traumas" pela resolução de problemas, em função da experiência particular por ele vivenciada.

Contextualização do saber

A noção de *prática social de referência* é estudada por Joshua e Dupin (1993), no contexto da análise de uma transposição didática, com a finalidade de contribuir na estruturação de uma Educação Matemática mais significativa. Para isso, todas as vezes que ensinamos um certo conteúdo de matemática, é necessário indagar qual foi o contexto de sua origem e quais são os valores que justificam sua presença atual no currículo escolar. Nós estamos ensinando ideias matemáticas esclerosadas? É pertinente a valorização de algumas demonstrações de geometria em nível das séries finais do ensino fundamental? Acreditamos que o estudo da história da matemática, assim como a análise de seu aspecto científico e o seu quadro de referência possibilitam uma abordagem mais adaptada para a consideração dessas questões relativas ao contexto de valorização do conteúdo. Essa postura revela uma posição crítica do educador frente aos conteúdos ensinados. O interesse em destacar essas indagações é sinalizar que nossa própria reflexão pode contribuir diretamente com essa postura crítica, na análise evolutiva dos saberes. Os autores acima mencionados destacam a necessidade de estudar as relações estabelecidas entre a práticas pedagógicas e as fontes de referências do saber. A análise dessas referências serve como uma âncora para o saber ensinado e permite a compreensão dos seus valores. O desafio didático consiste em fazer essa contextualização, sem reduzir o significado da ideias matemáticas que deram origem ao saber ensinado.

Existe uma diversidade de fontes de referências para o ensino da matemática, tais como: problemas científicos, as técnicas, problemas, jogos e recreações vinculados ao cotidiano do aluno, além de problemas motivados por questões internas à própria matemática. A princípio, todas essas fontes são legítimas para contextualizar a educação escolar e o indesejável é a redução do ensino a uma única fonte de referência, o que reduz o significado do conteúdo estudado. A noção de contextualização permite ao educador uma postura crítica, priorizando os valores educativos, sem reduzir o seu aspecto científico.

Um exemplo retirado de um livro didático contemporâneo mostra problemas de matemática, envolvendo preços de apartamentos de luxo, localizados em uma famosa avenida da cidade do Rio de Janeiro. As referências sociais desse livro são extensíveis ao conjunto de todas classes sociais da educação pública brasileira? Qual pode ser o significado educacional, para um aluno que mora na favela, de conhecer preços de residências luxuosas, sem o exercício de uma posição crítica? É esse tipo de problema educacional, associado ao significado do saber escolar, que nos leva a destacar a importância de uma noção em curso de formalização:

> A contextualização do saber é uma das mais importantes noções pedagógicas que deve ocupar um lugar de maior destaque na análise da didática contemporânea. Trata-se de um conceito didático fundamental para a expansão do significado da educação escolar. O valor educacional de uma disciplina expande na medida em que o aluno compreende os vínculos do conteúdo estudado com um contexto compreensível por ele.

A articulação entre as diversas disciplinas exige uma dupla explicitação dos vínculos do conteúdo estudado pelo aluno, tanto em relação a outras disciplinas, como em relação às situações da vida cotidiano. Dessa maneira, não se trata de imaginar uma aprendizagem delimitada ao contexto científico. Por outro lado, o desafio pedagógico envolve também a aprendizagem de conceitos cujo significado pode estar mais próximo da abstração do que da dimensão experimental. O inconveniente está na centralização em um desses extremos. Nesse sentido, o saber escolar revela uma especificidade própria e compete à didática conduzir os trabalhos escolares para uma conciliação entre os polos da teoria e da experiência.

A educação escolar deve se iniciar pela vivência do aluno, mas isso não significa que ela deva ser reduzida ao saber cotidiano. No caso da matemática, consiste em partir do conhecimento dos números, das medidas e da geometria, contextualizados em situações próximas do aluno. O desafio didático consiste em estruturar condições para que ocorra uma evolução desta situação inicial rumo aos conceitos previstos. Uma forma de dar sentido ao plano existencial do aluno é através do compromisso com o contexto por ele vivenciado, fazendo com que aquilo que ele estuda tenha um significado autêntico e por isso deve estar próximo a sua realidade. Mas é necessário voltar a enfatizar: partir da realidade do aluno não significa substituir o saber escolar pelo saber cotidiano. O objeto da aprendizagem escolar não é o mesmo do saber cotidiano. O saber escolar serve, em particular, para modificar o estatuto dos saberes que o aluno já aprendeu nas situações do mundo-da-vida.

Capítulo II

Referências da Didática da Matemática

O estudo dos conceitos didáticos da matemática fica mais evidente quando se considera a questão de sua especificidade educacional e científica. Torna-se necessário explicitar algumas referências para estruturar uma didática mais significativa. A natureza e o estatuto científico de cada disciplina, moldada pela sua trajetória histórica, determinam uma forma particular de valorizar a dimensão educacional de cada saber. Por esse motivo não adianta insistir em propostas excessivamente abstratas, como se fosse possível falar de situações generalistas, aplicáveis a qualquer conteúdo. O fenômeno educacional passa necessariamente por regras de um corpo de valores que deve ser conhecido pelo professor. Na Didática da Matemática, Brousseau (1986) propõe uma análise do saber matemático, bem como do trabalho do matemático, do trabalho do professor de matemática e da atividade intelectual do aluno.

Saber matemático

Nosso objetivo neste parágrafo é destacar alguns aspectos da natureza do saber matemático que, originando no espaço acadêmico, influenciam a prática correspondente no ensino escolar. Queremos destacar alguns laços entre as características desta ciência e suas manifestações no plano escolar. Nesse sentido, iniciamos com a observação de que não existe uma única forma de conceber as ideias científicas ou matemáticas. Em virtude das diferentes concepções filosóficas, é possível falar de diferentes práticas educativas. Seguindo esse raciocínio, caracterizamos alguns traços do saber matemático, para pensar nas diferentes abordagens pedagógicas. De início, a natureza da matemática se traduz pelo trabalho desenvolvido pelo matemático: criação de conceitos, descoberta de teoremas e demonstrações, sistematizados por uma redação validada pela comunidade específica. Esse objeto, além de conduzir o trabalho do matemático, condiciona uma parte considerável da ação pedagógica e das próprias tarefas realizadas pelos alunos.

No que se refere à natureza filosófica da matemática, Davis (1985) observa que a discussão sobre as bases dessa ciência aponta *três tendências* que fundamentam suas concepções históricas, que são: o *platonismo*, o *formalismo* e o *construtivismo*.

Na visão mais radical do *platonismo*, os objetos matemáticos são ideias puras e acabadas, que existem em um mundo não material e distante daquele que nos é dado pela realidade imediata. A existência desses objetos é radicalmente objetiva e independe do conhecimento que temos sobre eles. Assim, com base nessa concepção, poderia se falar apenas na descoberta e não na invenção dos conceitos, uma vez que esses já existiriam antes de qualquer esforço intelectual do matemático ou de quem estuda a matemática.

Na concepção proposta pelo *formalismo*, a rigor, não se pode falar da existência *a priori* dos objetos matemáticos. A matemática consistiria em um tipo de jogo formal de símbolos, envolvendo axiomas, definições e teoremas. Para trabalhar com esses elementos, existem regras que permitem deduzir sequências lógicas, representando a atividade matemática. O significado desses elementos passa a existir a partir do momento em que as fórmulas descobertas podem ser aplicadas a problemas compreensíveis no contexto em questão.

Quanto às concepções matemáticas fundamentadas na vertente do *construtivismo*, Davis (1985) lembra que se trata de uma concepção extremamente inexpressiva face à hegemonia exercida pelo platonismo e pelo formalismo. Esclarece ainda que: "Os construtivistas consideram matemática genuína somente o que pode ser obtida por uma construção finita". De acordo com essa concepção, as teorias que envolvem a construção dos números reais ou das séries matemáticas não são aceitas por essa concepção de matemática.

Em síntese, em relação ao problema da existência e da realidade das ideias matemáticas, o formalismo e o platonismo se constituem em duas posições extremas, contraditórias e predominantes na prática científica. O desafio maior está em cultivar uma prática que, antes de tentar eliminar as contradições entre essas posições, busque sua superação através de uma abordagem reflexiva. Nesse nível, o mais prudente é o fato de que não é aconselhável a adoção exclusiva e radical de uma única dessas concepções na prática educativa.

Para abordar o objeto didático devemos destacar que o trabalho do matemático é conduzido predominantemente por uma concepção platônica, sem, no entanto, deixar de ser também formalista (cf. Davis, 1985). Pode parecer contraditório falar em um platonismo formal ou em um formalismo platônico, mas devemos lembrar do conceito de *perfil epistemológico*, devido a Bachelard (1978), mostrando a possibilidade de coexistir posições contraditórias na compreensão de uma noção científica. Assim, esta atividade se apoia não exatamente em uma única, mas sim em duas concepções. Como consequência, tais concepções influenciam a formação de professores e, por conseguinte, suas práticas pedagógicas.

Apesar do saber matemático se constituir de noções objetivas, abstratas e gerais, não há como negar a intermediação da subjetividade e da particularidade na atividade humana de sua elaboração. A construção da objetividade passa pelo suporte da subjetividade e a descoberta de novas ideias exige uma etapa de síntese, para ser formalizada através de uma demonstração. A validação, no plano científico, consiste na descoberta de uma demonstração reconhecida pela comunidade científica. Muitas vezes, essa demonstração produzida pelo matemático não corresponde exatamente ao problema que motivou o início de sua pesquisa, de onde se percebe que a atividade científica não consiste somente na solução de problemas, mas também na criação ou formulação de novos desafios ou o enunciado de conjecturas.

Ao redigir uma demonstração, algumas partes julgadas desnecessárias são eliminadas, algumas operações não são reveladas e outras apenas comentadas. Essa forma de redação, valorizada no contexto matemático, nos parece ser inadequada para apresentar o saber no contexto escolar. Além disso, o matemático procura ainda apresentar o saber na maior generalidade possível, o que condiciona uma prática escolar correspondente, contrária ao processo "genético" da própria generalidade, ou seja, iniciar a aprendizagem de uma proposição exatamente pelo mais elevado grau de generalidade, não é uma alternativa correta. É uma estratégia contraditória, pois nem mesmo na atividade de pesquisa, a construção da generalidade se inicia por ela mesma. Sua produção é submetida a permanentes reformulações, buscando sempre níveis mais gerais de validade. De onde, a necessidade de haver uma articulação entre o particular e o geral para facilitar a elaboração de conceitos.

Trabalho do professor de Matemática

É preciso relacionar o trabalho do professor com o trabalho do matemático, não excluindo a possibilidade de conciliar essas duas atividades. Porém, é importante lembrar que o tipo de trabalho desenvolvido pelo matemático condiciona uma influência considerável na prática pedagógica. Na realidade, quando se fala de competência, o trabalho do professor envolve o desafio que consiste em realizar uma atividade que, em um certo sentido, é inverso daquela do pesquisador. Pois, enquanto o matemático tenta eliminar as condições contextuais de sua pesquisa, buscando níveis mais amplos de generalidade, o professor de matemática, ao contrário, deve recontextualizar o conteúdo, tentando relacioná-lo a uma situação que seja mais compreensível para o aluno. Todavia, o contexto reconstituído não é o mesmo daquele em que o saber foi inicialmente elaborado. Enquanto para o pesquisador, o saber matemático é o seu principal objeto de estudo, na prática pedagógica, o saber escolar é um instrumento educacional para a promoção existencial do aluno. Na continuidade dessa caracterização do trabalho docente, é preciso destacar a ideia de epistemologia do professor de matemática.

Epistemologia do professor

A epistemologia é o estudo da evolução das ideias essenciais de uma determinada ciência, considerando os grandes problemas concernentes à metodologia, aos valores e ao objeto desse saber, sem vincular necessariamente ao contexto histórico desse desenvolvimento. Trata-se de uma disciplina relacionada à teoria do conhecimento. Émile Meyerson (1859-1933) foi um dos primeiros a utilizar o termo "epistemologia" e a destacar a necessidade de compreender a evolução das ideias científicas para o estudo do objeto central da filosofia das ciências. Delacampagne (1997) destaca a importância do pensamento de Meyerson para a filosofia das ciências do século XX. Portanto, há uma diferença entre história da ciência e a epistemologia dessa ciência; enquanto a primeira está associada a nomes, datas, culturas e contextos, a segunda se refere exclusivamente à formação dos conceitos em si mesmo. Um texto introdutório para o estudo da epistemologia é o livro de Japiassu (1992).

Por exemplo, a formação do conceito de número real, do ponto de vista analítico, levou mais de dois mil anos para completar sua estrutura. A evolução que convergiu para esse conceito, passando pelos números naturais, inteiros, racionais e irracionais, revela um importante problema epistemológico. A passagem dos números racionais para os reais exigiu, em paralelo, a evolução da própria análise matemática, através dos conceitos de série infinita e de convergência. A epistemologia da matemática é constituída pelo estudo da evolução de seus conceitos, dos quais o exemplo acima é apenas um, entre muitos outros.

Toda epistemologia está associada a uma determinada ciência e não faz sentido considerá-la genericamente, sem pontuar a evolução de um determinado conceito. Dessa forma, percebe-se que a epistemologia está associada à evolução das ideias centrais de uma disciplina científica, o que não deve ser confundido com a compreensão de quem trabalha com esta disciplina. A partir dessa visão, entendemos a *epistemologia do professor* como sendo as concepções referentes à disciplina com que trabalha esse professor, oriundas do plano estrito de sua compreensão e que conduzem uma parte essencial de sua postura pedagógica, em relação ao entendimento dos conceitos ensinados aos alunos.

De forma análoga, a epistemologia de uma ciência pode ser diferenciada da compreensão que o cientista tem quanto aos seus métodos, valores e objeto dessa ciência. Quando se analisa a epistemologia do professor, surgem crenças enrijecidas pelo tempo, que podem gerar uma visão puramente pessoal sobre a ciência ensinada. Trata-se do conflito entre a visão subjetiva e a intenção de objetividade que deve caracterizar a aprendizagem escolar.

No contexto da didática das ciências, essa diferenciação é lembrada por Astolfi e Develey (1990), observando a existência da epistemologia do professor que pode estar relacionada à epistemologia da ciência, mas que jamais pode ser identificada a ela. Mesmo que haja a intenção de uma permanente aproximação entre a compreensão do professor e a essência objetiva do conceito, é preciso estar atento às possíveis divergências entre esses dois níveis.

Na abordagem da mesma temática, Johsua e Dupin (1993) observam que pesquisas sobre o ensino da Física, realizadas na França na década de 1970, alertavam para a conveniência de considerar uma *Física do professor,* que seria, qualitativamente, diferente daquela do físico. Esta questão salienta a essência da atividade cognitiva, na qual se espera existir uma aproximação entre o entendimento pessoal e os conceitos universais. Em outros termos, a objetividade se faz nesse trabalho de aproximação entre o nível individual da cognição e a essência dos conceitos que se encontram registrados no transcorrer da história da ciência.

Pesquisa realizada por Becker (1993) analisa também a epistemologia do professor no cotidiano escolar, concluindo que o pensamento predominante na prática docente, quanto ao significado de sua disciplina, é de natureza essencialmente empírica e que normalmente é muito difícil o professor se afastar dessa posição. Esse pesquisador constatou o predomínio de uma visão estratificada e isolada da educação o que leva a uma prática pedagógica fundamentada na repetição e na reprodução. Os resultados dessa prática são inexpressivos, pois favorecem a cristalização de velhas concepções. Essa é uma concepção empírica do saber escolar, dominada por uma prática não refletida. Pesquisas dessa natureza constatam uma diferença importante entre a epistemologia científica e a compreensão do professor, reforçando a necessidade de diferenciar o saber científico do saber escolar.

Aprendizagem da Matemática

O trabalho do aluno não é diretamente comparável ao trabalho do matemático ou do professor. Mesmo assim, essas atividades guardam correlações cuja análise é de interesse para a didática. O aluno deve ser estimulado a realizar um trabalho voltado para uma iniciação à "investigação científica". Nesse sentido, sua atividade intelectual guarda semelhanças com o trabalho do matemático diante da pesquisa, entretanto, sem se identificar com ele. Assim, aprender a valorizar o raciocínio lógico e argumentativo torna-se um dos objetivos da Educação Matemática, ou seja, despertar no aluno o hábito de fazer uso de seu raciocínio e de cultivar o gosto pela resolução de problemas. Não se trata de problemas que exigem o simples exercício da repetição e do automatismo. É preciso buscar problemas que permitam mais de uma solução, que valorizem a criatividade e admitam estratégias pessoais de pesquisa. Essa valorização do uso pedagógico do problema fundamenta-se no pressuposto de que seja possível o aluno sentir motivado pela busca do conhecimento. Seguindo essa ideia, o trabalho com a *resolução de problemas* amplia os valores educativos do saber matemático e o desenvolvimento dessa competência contribui na capacitação do aluno para melhor enfrentar os desafios do mundo contemporâneo. Dessa maneira, após destacar as características do trabalho do matemático, do professor e do aluno, somos levados a fazer uma análise da diferenciação entre o conhecimento e o saber.

Conhecimento e saber

O estudo das referências educacionais de uma ciência leva a traçar uma distinção entre o saber e o conhecimento. Enquanto o saber está relacionado ao plano histórico da produção de uma área disciplinar, o conhecimento é considerado mais próximo do fenômeno da cognição, estando submetido aos vínculos da dimensão pessoal do sujeito empenhado na compreensão de um saber. A importância de destacar essa diferença é um dos objetivos da didática, ou seja, partir da compreensão pessoal para alcançar o estatuto da objetividade.

Na análise dessa distinção, uma das características do saber científico é o seu possível fechamento no contexto acadêmico. Ainda mais, pensa-se normalmente que a ciência deva ser desvinculada de outros contextos, a não ser aquele estritamente definido pelos paradigmas da árca. Além disso, o saber científico tende a ser despersonalizado e mais associado ao contexto histórico e cultural, do que aos desafios pessoais da aprendizagem. A validação do saber não está na dependência de uma visão pessoal e subjetiva.

Quando falamos no saber matemático, estamos nos referindo a uma ciência que tem suas teorias estruturadas em um contexto próprio, que não está na dependência de uma validação pessoal e isolada. Além da dimensão subjetiva, existe um processo de elaboração da objetividade, que se traduz por procedimentos valorizados pelo método lógico-dedutivo, que é entendido como uma forma de organizar o discurso matemático, sob o qual deve existir o fundamento de uma posição metodológica, reveladora de uma visão do mundo.

Por outro lado, o conhecimento refere-se mais à dimensão individual e subjetiva, revelando algum aspecto com o qual o sujeito tenha uma experiência direta. Nessa concepção, está mais presente o caráter experimental e pragmático do que o aspecto teórico e racional. Por exemplo, o conhecimento do conceito de cubo é formado por um conjunto de imagens mentais e de informações, sobre o qual o sujeito exerce um relativo domínio, mas isso que permanece no plano intelectual não pode ser identificado com o aspecto universal do conceito geométrico correspondente. Por maior que seja o domínio cognitivo sobre o conceito, não é possível identificar o conceito com sua representação mental.

Brousseau (1988) faz uma distinção entre conhecimento e saber, evidenciando a dimensão da utilidade e lembrando que essa análise torna-se mais clara através da teoria das situações didáticas. De conformidade com o tipo da situação, torna-se mais apropriado falar da existência de um conhecimento ou de um saber. Por exemplo, quando trabalhamos com um quadro de institucionalização, trata-se de buscar uma aproximação do conhecimento com o nível do saber, ou seja, o desafio didático consiste em partir do conteúdo estabilizado no plano intelectual do sujeito e trabalhar para que essa dimensão particular alcance a generalidade prevista pelos paradigmas da área. Por outro lado, as situações didáticas que envolvem procedimentos práticos estão mais próximas do conhecimento do que do saber.

É preciso destacar que essa não é apenas uma questão de semântica; pelo contrário, ao destacá-la, estamos dando ênfase à essência da atividade didática, que consiste no trato da passagem do horizonte subjetivo ao plano objetivo da ciência. O saber matemático está associado ao problema da validação dos conteúdos aprendidos. Um conhecimento passa a ser considerado como verdadeiro quando é submetido ao controle de um *processo de validação*, no qual é preciso destacar diferentes níveis, segundo observações de Balacheff (1988).

A associação do caráter de utilidade para diferenciar conhecimento e saber é retomada por Conne (1996), ao desenvolver uma análise onde o saber é considerado como um tipo mais amplo de conhecimento, cuja utilidade se faz com uma maior operacionalidade. A utilidade do saber permite ao sujeito um referencial capaz de gerar um olhar mais amplo e indagador. É essa reflexão que permite uma transposição interna do conhecimento sobre o seu próprio campo conceitual. Em suma, quando o sujeito passa a ter um domínio sobre um determinado saber, é possível desencadear uma ação mais transformadora, geradora de novos saberes.

Quanto à Educação Matemática, há uma influência do aspecto epistemológico na prática pedagógica, sobretudo no que diz respeito à relação entre o professor, o aluno e o saber. Trata-se de um conflito que caracteriza a transformação do conhecimento em saber. Denominamos esta influência de *contágio epistemológico* por se tratar de uma ingerência conduzida pelo professor, por vezes até mesmo indevida, das características conceituais do saber em si, na forma de conduzir a prática educativa. Por exemplo, como o rigor axiomático e metodológico é uma das características do saber matemático, o professor de matemática, normalmente, é também rigoroso na condução da relação pedagógica com os seus alunos. O que percebemos é uma confusão entre a relação pedagógica, que pertence ao objeto de estudo da didática, e as características do saber científico, que é um objeto epistemológico. Essa confusão ocorre não somente em relação ao rigor, mas também em relação a outras características da matemática, tais como: generalidade, abstração, objetividade e formalidade.

Capítulo III

Obstáculos epistemológicos e didáticos

A noção de obstáculo epistemológico foi descrita inicialmente pelo filósofo francês Gastão Bachelard, na obra *A Formação do Espírito Científico*, publicada em 1938. Essa, que é considerada uma de suas principais produções, tem exercido considerável influência na área educacional devido a sua originalidade, clareza literária e bom humor. Detentor de um acentuado senso crítico e pedagógico, Bachelard ilustra fatos relacionados à formação histórica dos conceitos científicos. Seu objetivo era interpretar as condições de evolução da ciência, delineando bases para realizar o que chamou de psicanálise do conhecimento objetivo. Para isso, descreveu, em detalhes, a essência da noção de obstáculo que é hoje amplamente mencionada em estudos de didática. Bachelard observou que a evolução de um conhecimento pré-científico para um nível de reconhecimento científico passa, quase sempre, pela rejeição de conhecimentos anteriores e se defronta com um certo número de obstáculos. Assim, esses obstáculos não se constituem na falta de conhecimento, mas, pelo contrário, são conhecimentos antigos, cristalizados pelo tempo, que resistem à instalação de novas concepções que ameaçam a estabilidade intelectual de quem detém esse conhecimento.

Contexto de criação do conceito

Para explicitar os obstáculos, Bachelard analisa o espírito científico dos séculos XVIII e XIX e os compara com a ciência moderna.

Assim, para estudar o aspecto didático dessa noção, é conveniente destacar o contexto em que ela foi criada e o fato principal de que a intenção do filósofo era proceder a uma crítica da evolução das ciências, explicando as condições por que passa a elaboração da objetividade, pois o início do século XX foi assinalado por significativas mudanças de paradigmas. A chamada crise dos fundamentos[5] exigiu rupturas com formas anteriores de conceber a ciência, ampliando a presença das tecnologias na síntese do conhecimento. O pensamento de Bachelard foi marcado tanto por esse clima de mudanças, como pela sua paixão para o ensino das ciências. Após sua vivência como professor de Química e de Física, por mais de 15 anos, passou a ensinar filosofia, com um expressivo domínio conceitual e uma sólida formação em história das ciências. Em sua posição filosófica, não se deixou dominar pela visão empírica ou por um racionalismo radical, pois defendia a conveniência de cultivar um permanente espírito de vigilância quanto à ameaça do envelhecimento dos métodos, valores e teorias, sintetizando as ideias dessa visão inovadora em sua obra *Racionalismo Aplicado,* publicada em 1949.

Bachelard deixou clara sua vocação para o magistério, dizendo que a filosofia das ciências deveria trazer luzes para a criação de uma nova pedagogia das ciências, o que revela sua consciência educacional. É importante destacar que os obstáculos epistemológicos, como foram propostos, não estavam isolados no território da filosofia das ciências. A intenção pedagógica já está posta no contexto de sua síntese inicial e por isso pode fornecer à didática o direito de se inspirar na fonte histórica e evolutiva das ciências.

Os obstáculos e a Matemática

A análise dos obstáculos no contexto da matemática deve ser realizada com uma atenção particular, pois, segundo argumentou Bachelard, a evolução dessa ciência apresentaria uma maravilhosa regularidade em seu desenvolvimento, conhecendo períodos de paradas, mas não etapas de erros ou rupturas de destruíssem o saber estabelecido anteriormente. Dessa forma, é conveniente estudar esse destaque, analisando o sentido da mencionada regularidade e sua relação com a aprendizagem. De fato, o tipo de ruptura encontrada na evolução das ciências experimentais não aparece com clareza no registro histórico da matemática. Entretanto, isso não quer dizer que haja uma linearidade absoluta na fase da descoberta da matemática. Esse é um problema que relaciona o desafio da descoberta do conhecimento e sua sistematização por meio de uma demonstração, pois esse registro formal não deixa explícitas as dificuldades encontradas no transcorrer do processo de criação. Devemos relembrar que a regularidade do saber existe somente na fase final da formulação do texto matemático. Na fase inicial das ideias, pelo contrário, não há nenhum predomínio da linearidade, revelando os intensos conflitos da criação do saber. O fluxo em que as ideias são produzidas, retificadas e conectadas entre si não pode ser reproduzido. Por certo, no estudo da aprendizagem não podemos excluir a existência dos conflitos neste espaço íntimo de formulação das ideias e sua explicitação através de uma demonstração.

Os textos matemáticos, tal como são apresentados pela comunidade científica, passam por um processo de redação traduzido pelas demonstrações e por toda a forma valorizada pelos paradigmas da área. Assim, para estudar o conceito de obstáculo epistemológico, com referência à formação dos conceitos matemáticos, é preciso distinguir o processo primário de descoberta das ideias com a sua apresentação formalizada por um texto. Por certo, os obstáculos que aparecem no momento da criação dos conceitos não estão normalmente expostos na redação do saber, estão presentes nos labirintos que o matemático mergulha durante a criação. Dessa forma, no caso da matemática, os obstáculos aparecem com mais intensidade na fase da aprendizagem e síntese do conhecimento, do que em seu registro histórico. Assim, quando predomina o saber do cotidiano, as ideias de generalidade e rigor são usadas no sentido do comum e a lógica ainda não tem nenhuma precisão matemática. Os avanços, retrocessos, dúvidas e erros cometidos na etapa em que as conjecturas são feitas pelo matemático, praticamente, desaparecem no resultado final apresentado pelo texto científico. Por outro lado, esses conflitos sinalizam possíveis obstáculos, mas como a história da matemática se baseia essencialmente nos registros textuais pode transparecer que, no transcorrer de sua descoberta, haja uma aparente regularidade.

Lakatos (1978) descreve uma análise epistemológica importante para o entendimento da evolução conceitual da matemática através de processo de elaboração de suas provas e demonstrações. Suas conclusões contribuem para a interpretação do sentido em que os obstáculos epistemológicos podem ser estudados em matemática, pois é constatado que o desenvolvimento das provas se faz por uma sequência de rupturas parciais dos argumentos estabelecidos até então e, por outro lado, procura manter uma certa continuidade no espaço dos problemas considerados. Essa observação é importante, pois mostra que a existência dos obstáculos epistemológicos em matemática se revela, muito mais, na fase da produção de uma demonstração do que de seu registro formal através do texto de uma demonstração.

Balacheff (1988) também analisa os obstáculos, destacando que a matemática não formal, ou seja, aquela que precede a qualquer tentativa de formalização, não se desenvolve segundo um simples processo de acréscimos, como se os teoremas pudessem ser facilmente conectados uns aos outros, já no momento inicial da produção do saber. Uma vez que a teoria encontra-se formalizada, deixa-se transparecer a mais serena ordem e linearidade na sucessão dos teoremas e demonstrações. Por outro lado, durante o período em que acontecem as primeiras sínteses, o pesquisador vivencia um processo de melhoria das conjecturas e das proposições que são submetidas ao refinado crivo das provas e refutações.

Na prática, observa-se que as provas normalmente evoluem em função das refutações levantadas pelo sujeito cognitivo. Essas refutações, que podem dificultar ou ajudar a validação da matemática, podem se constituir em obstáculos para formação de conceitos. Tal como acontece na etapa de criação da matemática, durante a experiência da aprendizagem escolar há também um processo correspondente a uma redescoberta do saber, de onde os obstáculos podem, analogamente, intervir diretamente no fenômeno cognitivo. No desenvolvimento da matemática, observa-se a existência de períodos em que os conhecimentos são formalizados e aperfeiçoados do ponto de vista metodológico.

Euclides, ao escrever *Os Elementos,* teve uma preocupação nesse sentido, pois apresentou uma síntese consistente do conhecimento geométrico acumulado até então. Essa obra serviu de modelo ao método axiomático e, depois de séculos, continua sendo fonte de inspiração para o método lógico-dedutivo, exercendo forte influência no ensino escolar. Por outro lado, as geometrias não euclidianas não negam a validade da geometria euclidiana, apenas abrem espaço para novas formas de conceber uma estrutura lógica, criando axiomas e teoremas incompatíveis com os anteriores, não havendo como falar em contradições, pois cada qual constitui um sistema axiomático independente.

Na Educação Matemática os obstáculos interferem com maior intensidade na fase de gênese das primeiras ideias e que não estão, normalmente, presentes na redação final do texto do saber. A apresentação final do conteúdo acaba filtrando dificuldades próprias de sua etapa de síntese. Por esse fato, há de se considerar a dificuldade de aprendizagem da matemática decorrente dessa diferença entre sua síntese e redação. Durante a aprendizagem, ao iniciar o contado com um conceito inovador, pode ocorrer uma revolução interna entre o equilíbrio aparente do velho conhecimento e o saber que se encontra em fase de elaboração. Isso faz com que a noção seja de interesse para a didática, pois, para a aprendizagem escolar, por vezes, é preciso que haja fortes rupturas com o saber cotidiano, caracterizando a ocorrência de uma revolução interna, o que leva o sujeito vivenciar a passagem do seu mundo particular a um quadro mais vasto de ideias, às vezes, incomensuráveis através do antigo conhecimento.

Obstáculos didáticos

Devido ao caráter específico do contexto histórico das ciências, em que surgiu a noção de obstáculo epistemológico, no plano pedagógico, é mais pertinente se referir à existência de *obstáculos didáticos.* Essa é uma posição que tem sido elaborada na Educação Matemática.

Entretanto, uma das recomendações é não abrir espaço para generalizações precipitadas, sem se atentar para a precisão conceitual. Por outro lado, a comprovação de um obstáculo didático não passa pelos registros do método histórico-crítico, conforme adotava Bachelard.

Os obstáculos didáticos são conhecimentos que se encontram relativamente estabilizados no plano intelectual e que podem dificultar a evolução da aprendizagem do saber escolar. No que se refere ao estudo dos obstáculos didáticos, permanece o interesse de estabelecer os limites do paralelismo possível entre o plano histórico do desenvolvimento das ciências e o plano cognitivo da aprendizagem escolar. Se a didática se dispõe a estudar o aspecto evolutivo da formação de conceitos, é conveniente admitir a flexibilização de que os obstáculos não dizem respeito somente às dificuldades históricas e externas ao plano da aprendizagem.

É preciso estar atento às diferentes fontes de dificuldades na aprendizagem escolar. A esse propósito, Igliori (1999) observa que a noção de obstáculo epistemológico pode ser estudada tanto para analisar a evolução histórica de um conhecimento, como em situações de aprendizagem ou na evolução espontânea de síntese de um conceito. Essas observações reforçam a concepção de que a noção de obstáculo não deve ser interpretada de forma restrita ao território da epistemologia, tal como também não é uma ideia isolada no plano pedagógico. Portanto, sua gênese está localizada na fronteira da filosofia das ciências e da didática, se constituindo em uma referência também para o ensino da matemática.

Se, por um lado, os obstáculos epistemológicos têm raízes históricas e culturais, por outro, estão relacionados também à dimensão social da aprendizagem. Muitos deles estão próximos de representações elaboradas pelo imaginário do sujeito cognitivo. É nesse quadro que surgem dificuldades decorrentes de conhecimentos anteriores, bloqueando a evolução da aprendizagem. A especificidade dessa noção destaca-se ainda mais quando se torna possível proceder ao que Bachelard chamou de *psicanálise do conhecimento objetivo,* levantando os fatores que impedem a evolução do conhecimento. Essa ideia ganha consistência quando se trata da análise de um conceito específico, o que revela, mais uma vez, a necessidade de uma cautela maior na transferência da noção para o campo de matemática.

O avanço das ideias científicas pode ser ameaçado ou até mesmo obstruído por concepções que predominam no imaginário cognitivo. Certos conhecimentos que já não se aproximam da verdade predominante em uma determinada época, quando defendidos cegamente por aqueles que os detêm, impedem a instalação de um novo saber. O conhecimento antigo atua como uma força contrária à realização de uma nova aprendizagem. A evolução do conhecimento encontra-se, então, estagnada até o momento em que ocorrer uma *ruptura epistemológica* com os saberes que predominaram por um certo período. Num caso extremo, a obstrução do conhecimento antigo pode até mesmo provocar uma regressão do nível de compreensão. O interesse em estudar a noção de obstáculo decorre do fato da mesma permitir identificar as fontes de diversos fatores que levam a aprendizagem a uma situação de inércia e de obstrução.

Uma das principais críticas quanto à utilização da ideia de obstáculo epistemológico para interpretar o fenômeno da aprendizagem escolar é a forma precipitada com ela é transferida do contexto histórico da filosofia das ciências para o contexto pedagógico. Esse é um dos aspectos analisados por Schubring (2000) quando faz restrições à forma como alguns didáticos utilizam a noção de obstáculo epistemológico. Não temos a intenção de apresentar aqui detalhes desse debate, o que extrapolaria os limites deste trabalho, pois nosso objetivo é apenas destacar o aspecto da regularidade de apresentação do saber matemático e lembrar a existência de um fértil espaço de pesquisa para Didática da Matemática.

Em outros termos, estamos propondo uma releitura de alguns pontos do pensamento de Bachelard, destacando a intenção de conduzir o debate para a Educação Matemática. Temos o interesse em indagar em que sentido a noção pode ser transladada para a área pedagógica, melhor compreendendo a proximidade da dimensão didática com os fatos decorrentes da história e filosofia das ciências. A valorização da noção se deve ao fato de as áreas científicas atribuirem uma relevância diferenciada para o trabalho educacional com a formação de conceitos. De maneira geral, é difícil imaginar uma aula de matemática ou de física que não tenha como objeto à aprendizagem de um determinado conceito. Assim, é preciso entender como ocorre a reorganização intelectual de modo que o novo conhecimento entre em harmonia com os anteriores, sendo esse o momento em que os obstáculos se manifestam.

Um primeiro exemplo de obstáculo didático, no estudo da aritmética, está relacionado ao caso da aprendizagem do produto de dois números inteiros positivos que é sempre maior do que cada parcela. Esse conhecimento pode ser um obstáculo à aprendizagem das propriedades do produto de dois números racionais, para os quais tal proposição nem sempre é verdadeira, como é o caso do produto de duas frações unitárias que é menor do que cada parcela.

Um segundo exemplo de obstáculo didático, ainda relacionado às operações com números racionais, pode ser encontrado no caso da divisão de um número inteiro positivo por um número racional menor do que um, cujo resultado é um número maior do que o dividendo. Nesse caso, o aspecto inerente à estrutura lógica da matemática entra em conflito direto com o conhecimento que o aluno traz de sua vivência não escolar. No cotidiano não refletido, normalmente se conclui, intuitivamente, que o resultado da divisão é sempre menor do que o dividendo, contrariando o caso da divisão de frações acima mencionada.

Um terceiro exemplo de obstáculo didático está relacionado à aprendizagem da geometria espacial, quando faz intervir a utilização de uma representação por meio de uma perspectiva. A realização ou leitura desse desenho não é uma atividade evidente. Um cubo representado em perspectiva paralela, normalmente, aparece com a face superior representada por um paralelogramo não quadrado, onde os ângulos não são retos, quando medidos sobre a superfície do papel, mas, por outro lado, representam os ângulos retos da face superior do cubo. Se o aluno fixar sua leitura nas particulares do desenho em si, ele pode ter dificuldades em compreender as propriedades geométricas do sólido representado.

Trabalhos realizados pelo Grupo de Geometria do IREM de Montpellier mostram a existência de dificuldades que o aluno pode ter no estudo da geometria espacial, quando é preciso realizar a leitura de um desenho em perspectiva, podendo haver confusão entre as particularidades dos traços do desenho em si e os elementos geométricos por eles representados. Estudos realizados por Baldy (1987) comprovaram que o desenho pode apresentar dificuldades à aprendizagem da geometria, sinalizando para a existência de obstáculos de natureza didática. Por exemplo, foi constatado, em uma de suas pesquisas, que adultos imigrantes com baixo nível de escolaridade, em cursos de preparação intensiva para o trabalho, têm grandes dificuldades em reconhecer a terceira dimensão em representações planas, através de uma perspectiva paralela.

Diferentes tipos de obstáculos

Bachelard (1996) mostra que os *primeiros obstáculos* são aqueles provocados pelas primeiras experiências, quando estas são realizadas ainda sem maiores reflexões e sem qualquer crítica. O impacto superficial da primeira impressão, impregnado pela sensibilidade do corpo, pode ofuscar a razão na busca de maior clareza das ideias envolvidas. Essa atitude primária é contrária ao espírito científico e resulta na fragilidade subjetiva do conhecimento. É nesse sentido que o espírito científico pode encontrar resistência em vista da compreensão natural, isto é, contra o impulso precipitado das primeiras impressões. Para a validação da ciência, esse abuso da intuição não se constitui em um elemento plausível à elaboração conceitual. No plano pedagógico, esses primeiros obstáculos estão associados à forma simplificada com que os conteúdos são apresentados nos livros didáticos, nos quais o formalismo não corresponde aos desafios do fenômeno cognitivo.

É preciso lembrar a possibilidade da *generalidade* vir a ser um obstáculo epistemológico à formação do conhecimento científico. Esse problema surge quando ocorre uma tentativa apressada de generalizar uma ideia que está ainda presa ao entendimento pré-reflexivo. Esse obstáculo ocorre quando uma concepção é conduzida para o território da ciência sem os devidos cuidados metodológicos da pesquisa. A necessidade do espírito de vigilância se faz presente neste caso, pois se, por um lado, o objetivo da ciência é apresentar sempre um maior nível de generalidade em suas teorias, por outro, essa própria generalização se constitui em obstáculo à ciência. Por esse motivo, tais dificuldades não estão restritas ao plano escolar, mas desconsiderar a dimensão formal do saber seria um equívoco redutor do sentido da educação.

A questão didática da generalidade consiste em identificar quando ela passa a ser uma obstrução ao conhecimento objetivo. Essa é uma questão de interesse para a Educação Matemática, na qual sempre se busca a apresentação de proposições em um maior grau possível de generalidade. Mas não é esse tipo de generalidade que se constitui em obstáculo. A falsa doutrina do geral se refere a uma tendência de, por uma influência da "lógica" cotidiana, extrapolar os limites da generalidade. Trata-se de uma precipitação do pensamento indutivo, em que a observação de casos particulares é considerada suficiente para induzir afirmações gerais. Nesse caso, é preciso lembrar a diferença entre as ciências empíricas e a matemática, pois, nessa última, a indução não é admitida como processo de validação.

A análise da lógica da indução e do problema da demarcação da ciência empírica se constitui no objeto proposto por Popper (1974). É bom lembrar que a técnica da *indução matemática* não se baseia em uma lógica indutiva. A observação de casos particulares não serve para fundamentar uma demonstração, no máximo, pode sugerir uma conjectura. No plano escolar, o risco de ocorrer uma generalização precipitada reside na tentativa de transformar o saber cotidiano em saber científico. De uma forma geral, as experiências vagas caracterizam o espírito não científico, pois estão ainda impregnadas de concepções voltadas mais para o saber cotidiano do que para a ciência. Nos dizeres de Bachelard (1996):

> [...] o conhecimento geral serve também como um obstáculo ao conhecimento científico... um conhecimento que é carente de precisão, que não é dado com suas condições de determinação precisa, não é um conhecimento científico. Um conhecimento geral é quase fatalmente vago.

Assim, a generalidade é interpretada como um tipo de conhecimento que, tentando ter uma visão geral do todo, acaba se perdendo em sua superficialidade. Mas essa não é a generalidade envolvida no saber matemático. A generalidade de um teorema só faz sentido como síntese da regularidade existente em uma infinidade de casos particulares e, portanto, não se trata de conhecimento vago. Por outro lado, se o ensino de uma proposição matemática for iniciado pelo aspecto de sua generalidade, estão delineadas as condições para ocorrer um conhecimento vago, ou seja, a ordem da construção epistemológica da generalidade, no caso, conhecimento matemático, não se inicia pelo fato geral em si. Ela deve ser conjecturada a partir de casos particulares e por meio de um lento processo que envolve indagações, reflexões, avanços e retrocessos, culminando em uma demonstração como síntese da elaboração do saber.

Capítulo IV

Formação de conceitos
e os campos conceituais

O estudo dos obstáculos epistemológicos e didáticos, como foi descrito no capítulo anterior, está inserido no problema cognitivo de formação de conceitos matemáticos, cujo significado para o aluno não é o mesmo daquele do contexto formal em que foi inicialmente sintetizado, no transcorrer de sua evolução histórica. Esta é uma questão pedagógica fundamental e de interesse especial para a Didática da Matemática, pois um de seus objetivos é justamente estudar condições que possam favorecer a compreensão das características essenciais dos conceitos pelo aluno. Essa questão pode ser escolhida para dar início à apresentação de alguns elementos da teoria dos *campos conceituais*, proposta por Vergnaud (1996), porque entendemos que uma de suas propostas é repensar as condições da aprendizagem conceitual, de forma que essa se torne mais acessível à compreensão do aluno. Trata-se de estudar a questão do significado dos conceitos no contexto escolar, sem perder de vistas suas raízes epistemológicas. Essa teoria fornece uma referência compatível com a complexidade do fenômeno da aprendizagem. Não temos a intenção de apresentar uma descrição completa da teoria, o que ultrapassaria os objetivos desse texto introdutório à Didática da Matemática.

Referências teóricas

A teoria dos campos conceituais foi desenvolvida para estudar as condições de compreensão do significado do saber escolar pelo aluno. Trata-se de buscar as possibilidades de filiações e rupturas entre as ideias iniciais da matemática, levando em consideração as ações realizadas e compreendidas pelo aluno. Como esclarece Vergnaud (1996), essa teoria não foi criada para ser aplicada somente na Educação Matemática, mas ela foi desenvolvida tendo em vista respeitar uma estrutura progressiva de elaboração de conceitos, daí a razão da pertinência com que se aplica à matemática. Por outro lado, os conceitos matemáticos, para os quais a teoria foi testada, oferecem, com mais clareza, os invariantes integrantes de sua elaboração. As pesquisas que deram suporte à teoria dos campos conceituais dizem respeito à compreensão de situações que envolvem o estudo das operações aritméticas elementares. Para exemplificar, retomamos os termos utilizados por Vergnaud (1996, p. 218):

> [...] comprar bolos, frutas ou chocolates, colocar à mesa, contar pessoas, talheres, jogar bolinha de gude, são para uma criança de 6 anos, atividades que favorecem o desenvolvimento da formação de conceitos matemáticos referentes ao número, comparação, adição e subtração.

As situações pesquisadas envolvem problemas em que os alunos são levados a realizar as quatro operações da aritmética ou uma combinação delas. Um dos aspectos relevantes no estudo dessa teoria é o destaque dado ao tratamento do saber escolar, permitindo uma forma diferenciada de entender os conceitos matemáticos estudados na educação escolar, os quais não são concebidos tal como são formalizados no território do saber científico.

Como o saber escolar localiza-se entre o saber cotidiano e o saber científico, a teoria dos campos conceituais permite atribuir aos conceitos um significado de natureza educacional, servindo de parâmetro orientador para que a educação escolar não permaneça na dimensão empírica do cotidiano nem se perca no isolamento da ciência pura. Nesse sentido, é inadequado isolar o contexto de elaboração de uma noção, cabendo à didática desenvolver situações em que intervenha não apenas um único conceito, mas uma diversidade deles.

Vergnaud destaca ainda a existência dos chamados *espaços de situações-problema*, cuja utilização adequada facilita ao aluno a percepção das conexões existentes entre os vários conceitos, destacando a dimensão da operacionalidade entre eles. Na diversidade desse espaço de problemas, são estruturadas as condições ideais para que ocorra uma aprendizagem mais significativa, mostrando, portanto, que essa noção é de fundamental importância para a Didática da Matemática. Ao enfatizar a função pedagógica dos problemas, o conhecimento passa a ser concebido como uma sucessão de adaptações que o aluno realiza sob a influência de situações que ele vivencia na escola e na vida cotidiana. Em cada momento, entra em cena não só conhecimentos anteriores, como também a capacidade de coordenar e adaptar essas informações em face de uma nova situação.

No caso ideal em que a aprendizagem acontece com sucesso, os conhecimentos anteriores são adicionados uns aos outros e incorporados à nova situação. Assim, ocorre uma parte do processo cognitivo que consiste no conjunto de procedimentos de raciocínio desenvolvidos pelo sujeito para coordenar as adaptações necessárias para que informações precedentes sejam incorporadas em uma situação de aprendizagem, sintetizando o novo conhecimento.

Esses procedimentos de aprendizagem, quando praticados de forma dinâmica e com certa continuidade, se traduzem pelo chamado estado de "apreendência", conforme termo utilizado por Assmann (1998). A "apreendência" caracteriza um estado de disponibilidade para que o sujeito coloque em funcionamento novos procedimentos de raciocínio, ao contrário de simplesmente repetir modelos, fórmulas, algoritmos e ações automatizadas.

Conceitos e esquemas

A noção de esquema está associada à forma invariante como as atividades são estruturadas ou organizadas diante de uma classe de situações voltadas para a aprendizagem específica de um conceito. Dessa forma, cada esquema é relativo a uma classe específica de situações, envolvendo necessariamente tanto a dimensão experimental quanto racional vivenciada pelo aluno. Conforme descrição de Vergnaud, Piaget foi quem primeiro trabalhou com o conceito de esquema, ampliando a concepção hegemônica até então, prevendo situações mais dinâmicas e incorporando várias componentes que intervem na conceitualização.

Uma das diferenças entre a proposta original de Piaget e a formalização de Vergnaud se deve ao fato da especificidade com que a noção de campos conceituais foi tratada na área de Educação Matemática, na qual recebeu uma formalização mais nítida de acordo com invariantes próprios desta área de conhecimento. Por exemplo, em cada classe de situações voltadas para a aprendizagem de estruturas aditivas elementares foram levantados vários esquemas relacionados à elaboração de conceitos aritméticos. Conforme ressalta Franchi (1999), é importante observar que o caráter da invariância não se refere aos elementos formais ou até mesmo às ações do sujeito, mas, sim, à forma como as ações são organizadas diante da classe de situações, visando a uma estratégia de aprendizagem do conceito.

A teoria dos campos conceituais é pontuada por um caráter pragmático, no sentido de que a análise proposta está centralizada em situações próximas da vivência do aluno. Entretanto esse caráter pragmático não limita a natureza dos problemas propostos, pois esses podem ser teóricos ou práticos, dependendo do nível em que se encontram os alunos. Da mesma forma, não deve haver valorização excessiva da linguagem ou do simbolismo relacionados ao conceito. As situações, os invariantes e os símbolos se integram de tal forma que o conceito, no nível inicial da cognição, não se sobressai apenas por um desses elementos.

Um exemplo descrito por Vergnaud (1996), para ilustrar a noção de esquema, é o caso da enumeração, por uma criança em idade pré-escolar, na qual independentemente da natureza dos objetos enumerados, há uma forma invariante de organizar essa classe de situações. Foi observado que nessas situações permanecem invariantes: os gestos físicos utilizados na contagem, a enunciação da sequência ordenada dos primeiros números e a ênfase ou repetição do último número da série. O que revela ainda a utilização de conceitos anteriores como a identificação do último número ordinal do conjunto enumerado com a cardinalidade do conjunto. Se a contagem atingir o quinto elemento (ordem), então o conjunto terá cinco elementos (cardinalidade). Esse exemplo reforça que o esquema é uma forma estruturada e invariante de organizar as atividades relacionadas à aprendizagem de conceitos, diante de uma classe de situações vivenciadas pelo aluno. O reconhecimento dos invariantes é uma passagem crucial para que a formação do conceito evolua.

Os conceitos e as definições

Os conceitos são ideias gerais e abstratas desenvolvidas no âmbito de uma área específica de conhecimento, criados para sintetizar a essência de uma classe de objetos, situações ou problemas relacionados ao mundo-da-vida. Entretanto, a singularidade dessa frase não é suficiente para expressar a totalidade do que seja um conceito e nem mesmo pode ser interpretada como uma tentativa de definição. Para aproximar dessa possibilidade, seria preciso percorrer um longo e sinuoso caminho, praticando uma permanente circularidade evolutiva através de sucessivas interpretações e compreensões.

De maneira análoga ao caso de uma estrutura lógico-axiomática, o entendimento do que seja um conceito pode se iniciar como se o significado deste fosse uma noção fundamental, sobre a qual é possível descrever e utilizar seus aspectos, sem, no entanto, ter que defini-la categoricamente, tal como acontece no ensino tradicional da matemática. Com base nessa interpretação, o conceito é algo em permanente processo de devir, estamos sempre nos aproximando de sua objetividade, generalidade e universalidade, sem considerá-lo uma entidade acabada, tal como concebido por uma visão platônica. O estado de devir explica a formação de conceitos a partir de intenção de compreender o fenômeno da aprendizagem.

A valorização da aprendizagem de conceitos não é uma prática facilmente encontrada na educação escolar. Há uma tendência tradicional na prática de ensino da matemática que valoriza, em excesso, a função da memorização de fórmulas, regras, definições, teoremas e demonstrações. Como consequência, os problemas propostos são, nesse caso, mais voltados para a reprodução de modelos do que para a compreensão conceitual. Entretanto, essa concepção de educação está longe das exigências da sociedade tecnológica, tornando-se urgente a sua superação e a abertura de espaços para uma educação mais significativa e esse é um dos argumentos que justifica a importância do estudo da formação de conceitos.

Quando se trata de cultivar um espírito de vigilância, é preciso ressaltar a diferença entre o sentido essencial do conceito e sua formalização através de uma definição. Aprender o significado de um conceito não é permanecer na exterioridade de uma definição, pois a sua complexidade não pode ser reduzida ao estrito espaço de uma mensagem linguística. Definir é necessário, mas é muito menos do que conceituar, porque o texto formal de uma definição só pode apresentar alguns traços exteriores ao conceito. Por exemplo, a definição de uma figura geométrica, por si só, não pode traduzir a essência do conceito correspondente.

Não há nessa observação nenhum desprezo pelas situações voltadas para o estudo de uma definição, pelo contrário, na medida em que se destaca sua função própria, ampliam as condições de elaboração do conceito e o sentido da aprendizagem. Para tratar do fenômeno da aprendizagem torna-se necessário diferenciar esses dois níveis cognitivos: trabalhar com o desafio da elaboração conceitual e com seu registro através de um texto formal.

Significado do conceito

No plano didático, não podemos ter a ilusão de que os conceitos matemáticos possam ter de início, para o aluno, o significado abstrato, geral e universal que lhe remete ao saber científico. Vergnaud esclarece que, para o aluno, o sentido de um conceito está fortemente associado à atividade de resolução de problemas. É nesse contexto que o aluno pode desenvolver sua compreensão do sentido inicial dos conceitos e teoremas matemáticos. Mesmo admitindo a intenção de alcançar um nível mais avançado de abstração, os problemas se constituem no passo inicial para lançar as bases do conhecimento. Por certo, essa é uma visão pragmática, pois se acredita na necessidade dessa base mais imediata para construir o significado dos conceitos estudados. Mas não é nenhum demérito recorrer a essa visão para justificar o sentido inicial dos conceitos, pois, no plano histórico das ciências, a criação de conceitos também tem sua âncora na utilidade de um quadro teórico. Por outro lado, os problemas não podem estar restritos ao aspecto empírico, pois é necessário aproximar de questões teóricas adequadas ao nível cognitivo do aluno. Contudo, tanto na dimensão prática como na teórica é preciso considerar o uso da linguagem e, em particular, dos símbolos que representam os conceitos estudados. Segundo Vergnaud (1996):

> Um conceito é uma tríade que envolve um conjunto de situações que dão sentido ao conceito; um conjunto de invariantes operatórios associados ao conceito e um conjunto de significantes que podem representar os conceitos e as situações que permitem aprendê-los.

O objetivo dessa interpretação é que o tratamento didático possa contribuir para que o aluno se aproxime da dimensão conceitual, característica do saber escolar e científico, alcançando níveis satisfatórios de generalidade e abstração. Nesses termos, o conhecimento assume uma função adaptativa, que permite essa aproximação do saber científico. A função adaptativa caracteriza a passagem do saber cotidiano ao saber escolar e deste para o saber científico. Portanto, a tarefa didática é partir do conhecimento do aluno e favorecer as condições de acesso ao saber escolar e científico.

Se estivermos revestidos dessa intenção, a alternativa mais plausível é partir da análise das diferentes formas que o conhecimento assume nas ações desenvolvidas pelos alunos. Cada uma dessas ações, contextualizada em um ambiente próximo da compreensão do aluno, é o ponto de partida para a organização das situações didáticas. Esta nos parece ser uma questão de fundo. Trata-se de atribuir às ações dos alunos uma importância destacada, fornecendo as bases para a aprendizagem. Quando atribuímos a essas ações um papel de destaque, o conhecimento torna-se operacional e se constitui em um ponto de partida para a elaboração conceitual. As ações operacionais devem ser estudadas pelo professor, sendo natural prever diferentes caminhos na estruturação desses momentos vitais para a aprendizagem.

O estado de devir dos conceitos

Uma das dificuldades da aprendizagem de conceitos decorre do fato deles não pertencerem ao mundo imediato da materialidade, marcado pelo reino da sensibilidade onde o pré-reflexivo encontra-se assentado. Mesmo que certos conceitos possam estar associados a uma classe de objetos materiais, a generalidade e a abstração somente são compreendidas na medida em que forem abordadas por meio de um movimento evolutivo. Essa estratégia pode ser chamada de *estado de devir*, no sentido de que, no plano subjetivo, sempre é possível descortinar novos horizontes na compreensão de um conceito.

Nesse sentido, é apropriado planejar situações que favoreçam a expansão do significado do conceito para o aluno. Em cada domínio científico e em cada classe de situações, os conceitos mostram-se através de suas particularidades, estabelecendo as condições para o processo de aprendizagem. Entre todos os conceitos, os que mais despertam o interesse do aluno são aqueles que se encontram localizados em um quadro de significado por ele perceptível. Portanto, o estado de devir de um conceito está associado a uma diversidade de situações em que eles podem intervir. De uma maneira geral, a referência a uma abordagem científica tem sido predominante na educação escolar, na qual a ciência pode ser entendida, sobretudo, como um saber disciplinar, formal e sistematizado em seu conjunto de valores, métodos e teorias. Uma concepção de ciências, a partir do aspecto disciplinar, é descrita por Japiassú (1976), mostrando sua evolução através de uma abordagem interdisciplinar. Não se trata de defender a existência de um super saber interdisciplinar, voltado para o estudo de uma totalidade obscura de conceitos, pois esse entendimento nega o fluxo de expansão da ciência e essa generalização se constitui em um obstáculo à compreensão do significado dos conceitos.

Os conceitos matemáticos e biológicos são igualmente abstratos e genéricos, mas o processo racional de elaboração dessas características varia em função da natureza científica de cada área. Por esse motivo, o estudo de conceitos deve ser balizado pela especificidade da área correspondente, sem incorrer no erro de uma formalização precoce, de um indevido deslocamento teórico, ou de uma inversão dos valores e objetivos educativos.

Em suma, o aspecto específico, tanto nas ciências naturais como na matemática, não pode ser desconsiderado no estudo da didática. A unicidade existente entre o objeto, o método e os valores de uma determinada ciência releva sua especificidade. Entretanto, do ponto de vista educacional, a percepção dessa abrangência, aproximando o científico e o educacional, não pode ser considerada uma prioridade pedagógica, sem antes o aluno ter condições de entender os traços gerais do saber escolar correspondente.

Dimensão experimental e os conceitos

Quando a criança chega à escola, seu conhecimento está ainda fortemente marcado pelos objetos do saber cotidiano e seria um grande equívoco desprezar essa realidade na prática pedagógica. O desafio didático consiste em estudar estratégias que possam contribuir na transformação desse saber cotidiano para o saber escolar, preparando o caminho para a passagem ao plano da ciência. A trajetória dessa transposição passa pela intuição primeira do cotidiano, pelos objetos do mundo material, pelas experiências e pelo uso de instrumentos próprios do espaço em que vivemos. Esse é o terreno onde a aprendizagem dá os seus primeiros passos. Assim, não devemos desconsiderar a influência da dimensão experimental na síntese do saber escolar e a teoria dos campos conceituais abre espaço para considerar esse aspecto, pois sua aplicação não está restrita à educação matemática.

Conforme mostra Astolfi (1990), a teoria dos campos conceituais aplica-se também no ensino das ciências. Nessa área, não devemos esquecer que as noções estudadas são diferentes da matemática, uma vez que guardam uma integração mais forte com o aspecto experimental. Por exemplo, na gênese do conceito biológico de *flor*, podemos identificar a influência mais direta do saber cotidiano, uma vez que o aluno percebe diretamente várias flores particulares das quais poderão ser abstraídos os invariantes conceituais. Nesse caso, as situações previstas pela teoria dos campos conceituais são as várias possibilidades de criar atividades pedagógicas envolvendo as flores do cotidiano para desenvolver a formação do conceito. No caso da matemática, mesmo que não predomine a base experimental, não podemos menosprezar da influência do saber extraescolar na estruturação da aprendizagem.

Devemos observar ainda que a formação de um conceito não acontece através de um único tipo de situação, da mesma forma como uma única situação, geralmente, envolve uma diversidade de conceitos. O desafio consiste em destacar os invariantes referentes ao conceito principal que conduz a aprendizagem no momento considerado, articulando-os com outros conceitos já aprendidos pelo aluno. De posse dos conceitos já elaborados, o aluno é desafiado a compreender outras situações, onde aparecem os novos conceitos e novos invariantes. Portanto, conclui-se que a aprendizagem não pode ser efetuada em um contexto isolado, como se o significado pudesse subsistir por si mesmo. Em síntese, a teoria dos campos conceituais fornece uma fundamentação para o significado dos saberes escolares. Nessa base teórica, encontram-se ainda diretrizes para uma organização metodológica para o ensino, justamente, com destaque a criação pedagógica de situações suficientemente diversificadas para propiciar a formação de conceitos, mostrando a base de uma concepção mais ampla para o desafio da formação de conceitos na educação escolar.

Complexidade do conceito

A formação de um conceito é realizada a partir de componentes anteriores, por meio de uma síntese coordenada pelo sujeito. Esses componentes podem ser noções fundamentais ou ainda outros conceitos elaborados anteriormente, revelando a existência de uma extensa e complexa rede de criações precedentes. Na síntese racional do conceito geométrico de cubo podemos destacar os seguintes componentes precedentes: quadrado, segmento de reta, ponto, paralelas, perpendiculares, ângulo, diagonais, entre vários outros. Por outro lado, o quadrado, na condição de componente do cubo, é também um conceito na qual existem outros conceitos, cuja análise regressiva converge para as noções fundamentais, entendidos como conceitos evidentes por si mesmo, como é o caso do ponto, reta e plano. Segundo nossa interpretação, a teoria dos campos conceituais permite perceber a complexidade pertinente à cadeia de formação de conceitos. A realização dessa síntese é um procedimento racional criativo e, por mais que envolva uma dimensão social, exige uma efetiva participação do sujeito. Diante de uma classe de situações, a busca dos invariantes conceituais consiste na manifestação desse procedimento racional.

Os conceitos são criados e recriados, tanto pelos seus criadores originais, no território da ciência, como por outros que se dispõem a apreendê-los e transformá-los. Desta forma, a aprendizagem de um conceito representa a compreensão, tanto quanto for possível, da totalidade contida nessa síntese e esta apreensão envolve a relação entre o todo e suas partes. Por outro lado, o conceito é resistente, pois ele não se revela facilmente como uma totalidade absoluta, é um todo fragmentário, conforme destacam Deleuze e Guattari (1997). Mas, a primeira reação, ao falarmos em totalidade e fragmento, é indagar em que sentido uma totalidade pode ser também fragmentária. Não haveria um paradoxo nesse aparente jogo de palavras? A resposta a essa questão deve ser delimitada ao território pedagógico, pois, do ponto de vista cognitivo, o conceito é sempre fragmento devido ao seu *estado de devir*, ou seja, está sempre sendo aprimorado no plano da racionalidade individual do sujeito.

Gonseth (1974), em um trabalho dedicado ao estudo epistemológico da geometria, enfatizou o estado de devir na formação dos conceitos geométricos, lembrando que eles nunca estão plenamente aprendidos, como pode parecer em uma interpretação radical. Quando se projeta essa concepção na prática escolar, impregnada por uma visão determinista, surgem questões do tipo: como é possível avaliar a aprendizagem se os conceitos estão sempre em estado de devir? Entretanto, a dificuldade em responder essa questão não afasta o entendimento de que a sua elaboração funciona entre o atual e o virtual, entre o possível e o real.

Campos conceituais e a Informática

A formação de conceitos é um tema central para a fundamentação da prática pedagógica, porque tem raízes plantadas no próprio fenômeno da aprendizagem. Em vista desse vínculo e da possibilidade do uso das novas tecnologias da informática na educação, surge uma série de indagações pertinentes à formação de conceitos através dos suportes digitais. Em particular, essas indagações estão direcionadas para as situações didáticas, em que possa ser prevista a utilização de informações digitais registradas através dos computadores. Para isso, uma das alternativas é adotar o referencial da teoria dos campos conceituais, no que se refere às características do processo de formação de conceitos, associado à existência de classe de situações de aprendizagem. A opção em trabalhar com esse referencial resulta da diversidade das formas de expressão de um conceito em situações significativas para o aluno. Por essa razão, a teoria pode ser aplicada ao contexto da inserção da informática na prática educativa.

Esta adequação se constitui em um objeto de análise ainda em fase de pesquisa, mas pensamos que as múltiplas questões inerentes à sociedade da informação encontram-se na direção sinalizada pela teoria dos campos conceituais, pois considera simultaneamente a diversidade de situações e a preservação do aspecto conceitual do saber escolar. Na prática pedagógica, devemos valorizar a criação de situações, envolvendo conceitos e resolução de problemas. Nessa linha de referência, coloca-se a educação escolar para alcançar as novas competências exigidas pela informatização da cultura e do trabalho, onde o fazer pedagógico não se resume à comunicação ou repetição dos saberes acumulados pela história. A concepção de que o saber pode ser transmitido de uma pessoa para outra desvirtua a dimensão contida na elaboração conceitual. Assim, compete à didática a atarefa de persistir na pesquisa de estratégias que possam levar o aluno a vivenciar mais criatividade, autonomia e produção.

Capítulo V

Momentos pedagógicos
e as situações didáticas

Conforme vimos no capítulo precedente, os campos conceituais permitem uma interpretação da parte nuclear da formação de conceitos, mas a aplicação desse estudo, em nível de sala de aula, se realiza nas *situações didáticas* ou, mais genericamente, em momentos especiais da prática pedagógica. Nessa passagem, da formação de conceitos para as situações didáticas, é preciso destacar que os saberes são concebidos, validados e comunicados por diferentes maneiras que condicionam o funcionamento do sistema didático. Para melhor fundamentar as estratégias de aprendizagem, compete à didática analisar as variações associadas a esses três aspectos, decorrentes da natureza de cada disciplina. Quer seja em nível dos saberes científicos, escolares ou do cotidiano, o trabalho pedagógico exige uma análise dessas variações que revelam aspectos intuitivos e experimentais, voltados para uma aproximação do aspecto teórico do saber científico. Para estudar essas formas de elaboração e de apresentação do saber escolar, recorremos à teoria das situações didáticas, descrita por Brousseau (1986).

Noção de situação didática

Uma *situação didática* é formada pelas múltiplas relações pedagógicas estabelecidas entre o professor, os alunos e o saber, com a finalidade de desenvolver atividades voltadas para o ensino e para a aprendizagem de um conteúdo específico. Esses três elementos componentes de uma situação didática (professor, aluno, saber) constituem a parte necessária para caracterizar o espaço vivo de uma sala de aula. Caso contrário, sem a presença de um professor, pode até ocorrer uma *situação de estudo*, envolvendo somente alunos e o saber ou, ainda, sem a valorização de um conteúdo, podemos ter uma reunião entre professor e alunos, mas não o que estamos denominando de situação didática. Por outro lado, esses três elementos não são suficientes para abarcar toda a complexidade do fenômeno cognitivo, daí a vinculação que fazemos entre tais situações e outros elementos do sistema didático: objetivos, métodos, posições teóricas, recursos didáticos, entre outros. Um dos desafios da didática é que cada um desses elementos recebe influências diretas da especificidade do conteúdo em questão. Dessa forma, mesmo que existam vínculos com o sistema educacional mais amplo, na análise didática, é preciso destacar a especificidade das relações referentes ao conteúdo matemático.

No caso da Educação Matemática, um dos aspectos dessa especificidade é uma possível influência da natureza do saber matemático nas relações pedagógicas estabelecidas entre o professor e o aluno. De forma análoga, o professor também é influenciado pela natureza do trabalho do matemático, sobretudo, através da forma textual em que o saber é apresentado.

Outro aspecto importante a ser analisado nas situações didáticas é o problema da apresentação do conteúdo em um contexto que seja significativo para o aluno ou, caso contrário, perde-se a dimensão de seus valores educativos. Sem esse vínculo palpável com uma realidade, fica impossível alcançar as transformações formativas do saber científico. Por esse motivo, a teoria das situações é colocada a partir da questão que consiste na forma de apresentação do conteúdo, buscando um campo de significado do saber, para o aluno. Se o contexto priorizado, pelo professor, for exclusivamente os limites do saber matemático puro, o que ocorre é uma confusão entre o saber científico e o saber escolar. Nesse sentido, a noção de *transposição didática* contribui para compreender o fluxo das transformações do saber, sem perder de vista a integração entre o contexto e a didática. Em suma, o significado do saber matemático escolar deve ser elaborado em sintonia com a situação didática. A partir do momento em que os conteúdos são trabalhos, as atividades propostas aos alunos definem o tipo da situação.

Especificidade educacional do saber matemático

Tal como acontece em relação a outros conceitos didáticos, o interesse em estudar a teoria das situações didáticas se deve também aos vínculos que ela estabelece com o saber matemático. Conforme já enfatizamos, não se trata de incorrer em generalizações precipitadas para tratar do fenômeno cognitivo e, analogamente, não se trata de desconsiderar as bases de uma teoria educacional. Tendo em vista essa dupla valorização, muitas noções da Didática da Matemática encontram-se hoje aplicadas em outras áreas, conforme observa Zaiz (1993). Esta autora destaca o nível avançado da Didática da Matemática e lembra que outras áreas estão utilizando essa teoria para tratar de suas especificidades. Vários trabalhos nas áreas de ciências e de matemática têm reforçado a importância dessa teoria, em vista da clareza com que permite interpretar a prática pedagógica escolar, envolvendo o trinômio professor, aluno e o saber. Essa interpretação fundamenta uma prática educativa mais significativa e proporciona um saber escolar comprometido com a promoção existencial do aluno, sendo que este é um dos princípios que deveria conduzir toda a didática. Por esse motivo, a elaboração do significado do saber escolar leva à reflexão sobre a criação e as formas de apresentação do conteúdo.

As situações adidáticas

Um dos objetivos da Educação Matemática é contribuir para que o aluno possa desenvolver uma certa autonomia intelectual e que o saber escolar aprendido lhe proporcione condições para compreender e participar do mundo em que ele vive. Mas é preciso considerar que existem muitas situações que, mesmo contribuindo para a formação de conceitos, não estão sob o controle pedagógico do professor. O espaço e o tempo da aula representam apenas uma parcela dos possíveis momentos de aprendizagem, de onde se conclui que a educação escolar não está restrita somente às situações controláveis pelo professor. Em outros termos, o desafio didático consiste em prever alguns elementos indicativos de uma possível progressão da aprendizagem escolar para situações em que não há o controle direto do professor. Segundo nosso entendimento, é a noção de *situação adidática,* descrita por Brousseau (1986), que permite compreender essa interação entre o ambiente escolar e o intenso fluxo do espaço maior da vida, incluindo aqui o imaginário do sujeito cognitivo. O desafio de entender essa interação entre o didático e o adidático mostra a profundidade da intenção educacional da Didática da Matemática. Trata-se da tentativa de estabelecer uma diferença entre as variáveis que estão sob o controle pedagógico do professor, de outras que, mesmo sem um controle direto, podem condicionar o fenômeno cognitivo. De certa forma, considerar as situações adidáticas é ultrapassar a velha concepção de que o professor seja apenas um transmissor de conhecimentos.

Uma situação adidática se caracteriza pela existência de determinados aspectos do fenômeno de aprendizagem, nos quais não tem uma intencionalidade pedagógica direta ou um controle didático por parte do professor. Na realidade, em torno de uma situação didática, pode haver uma diversidade de situações adidáticas. Nas palavras de Brousseau:

> Quando o aluno torna-se capaz de colocar em funcionamento e utilizar por ele mesmo o conhecimento que ele está construindo, em situação não prevista de qualquer contexto de ensino e também na ausência de qualquer professor, está ocorrendo então o que pode ser chamado de situação adidática. (Brousseau, 1986)

Uma visão pedagógica generalista pode induzir que a didática se limita a tratar do espaço interno da sala de aula e que as influências cognitivas do mundo extraescolar não poderiam ser consideradas. Mas, na realidade, não é isso que acontece. A potencialidade das situações adidáticas está, justamente, voltada para a tentativa de romper com as velhas práticas da repetição e do modelo, que tanto influenciaram uma certa vertente da pedagogia tradicional.

Conforme destacam Johsua e Dupin (1993), é possível reconhecer uma certa ambiguidade na utilização da expressão *situação adidática*, quando ela é compreendida como uma etapa do trabalho do aluno sobre a qual a intenção de ensinar não tem uma influência direta. Ambiguidade no sentido de que, na medida que representa um fenômeno fora do controle didático, ela é, ao mesmo tempo, uma noção de importância didática. Na realidade, a intenção pedagógica caracteriza todas as etapas do sistema didático uma vez que todo o trabalho do professor é previamente determinado por objetivos, métodos e noções conceituais.

Aprendizagem por adaptação

A aprendizagem por adaptação é uma das noções utilizadas por Brousseau para estruturar a teoria das situações didáticas, enfatizando uma aproximação com os chamados esquemas de assimilação e acomodação, que foram descritos inicialmente por Piaget. Em uma tal aprendizagem, o aluno é desafiado a adaptar seus conhecimentos anteriores às condições de solução de um novo problema. Nesse caso, a aprendizagem se expressa pela componente da criatividade, pois, para resolver um problema, é preciso que o aluno ultrapasse o seu próprio nível de conhecimento, revelando a operacionalidade dos conteúdos dominados até então.

Ao admitir a possibilidade de expansão do domínio cognitivo, reencontramos a diferença entre o saber e o conhecimento, pois esse se revela pelas condições que o sujeito tem de utilizá-lo efetivamente em uma situação-problema, enquanto o primeiro destaca-se mais pelo seu caráter histórico e impessoal. No que se refere à Educação Matemática, o interesse em valorizar uma aprendizagem por adaptação é compará-la ao caso indesejável em que ocorre um excesso de formalismo ou da memorização inexpressiva em detrimento da compreensão e da resolução de problemas. Nesse sentido, a adaptação pode ser entendida como a habilidade que o aluno manifesta em utilizar seus conhecimentos anteriores para produzir a solução de um problema.

Com a utilização da informática na educação, surge a indagação sobre quanto o computador pode liberar o aluno do exercício da memorização inexpressiva e incrementar as práticas criativas de resolução de problemas. A ideia de que a aprendizagem pode fundamentar-se apenas no registro de informações não tem mais espaço no novo quadro pedagógico. Se esse tipo de memorização ocupou um espaço durante muito tempo na história da pedagogia, hoje está com seus dias contados. O conhecimento exigido na era tecnológica é muito mais do que apenas colecionar informações. Com essa concepção, o aluno deve ser levado a processar informações. Se o termo *processar* estava, no passado, mais associado a uma conotação negativa de automatismo, hoje aproxima mais do sentido de tratamento de informações para transformá-las em conhecimento. Este passa a ser visto como uma síntese assimilada pelo sujeito, sendo que esta é uma modificação importante para a nova prática pedagógica, pois condiciona alterações para o funcionamento do sistema didático.

Nesse sentido, a aprendizagem por adaptação, as situações adidáticas e a resolução de problemas se constituem em noções didáticas compatíveis com as exigências da educação da era tecnológica, pois procuram atribuir à Educação Matemática um valor muito mais destacado do que a simples memorização, repetição de modelos e automatismo. Nessa nova proposta, está a tentativa de redefinir a função do aspecto formal, que, mesmo tendo sua finalidade metodológica, não representa, por si mesmo, a essência do saber educacional da matemática.

Resolução de problemas

Como mencionamos no parágrafo anterior, não devemos esquecer da estratégia didática de resolução de problemas para o ensino da matemática. Uma das diferenças entre as atividades de resolução de problemas, presentes no ensino tradicional da matemática e a noção de situação didática, analisada neste capítulo, é o fato desta valorizar as situações adidáticas, ou seja, há uma interpretação teórica das situações que não estão diretamente sobre o controle pedagógico, mas essa impossibilidade de controle não impede o reconhecimento de sua importância para a aprendizagem. Por certo, quando o aluno encontra-se em uma situação de pesquisa de solução de um problema, diversos procedimentos de raciocínio ocorrem sem o controle do professor. A riqueza das ideias provenientes do imaginário do aluno resume a busca de solução do problema. Dessa forma, a diferença incorporada pela teoria das situações didáticas está na consideração desses momentos de síntese para a resolução de problemas.

A partir da consciência de sua importância, a Didática da Matemática reforça as condições de estudar situações-problema potencialmente ricas em situações adidáticas. No transcorrer das atividades escolares, deve haver condições para que o aluno realize atos que não estão sob o controle do professor. Assim, o aluno é estimulado a superar, pelo seu próprio esforço, certas passagens que conduzem ao raciocínio necessário à aprendizagem em questão. São essas deduções, realizadas sem o controle do professor, que caracterizam as situações adidáticas. Então, surge a necessidade de uma superação de condicionantes e de informações que não lhes foram passadas. Esses procedimentos são essenciais para o desenvolvimento da aprendizagem. Chega-se ao momento em que o aluno deve efetivamente andar pelas suas próprias pernas e, ao longo do trabalho didático, o aluno deve ser motivado a engajar-se nessa linha de ação.

Diferentes tipos de situações didáticas

Várias situações previstas na Educação Matemática se iniciam com escolha de um problema considerado compatível com o nível intelectual do aluno. Para que amplie as possibilidades de sucesso dessa escolha é preciso que o professor tenha clareza quanto aos procedimentos que se espera do aluno. A princípio, a cada tipo de procedimento corresponde a intenção de explorar aspectos particulares do saber matemático. Para analisar as relações existentes entre as atividades de ensino com as diversas possibilidades de uso do saber matemático, Brousseau desenvolveu uma tipologia de situações, a qual é resumida por nós nos próximos parágrafos.

Uma *situação de ação* é aquela em que o aluno realiza procedimentos mais imediatos para a resolução de um problema, resultando na produção de um conhecimento de natureza mais experimental e intuitiva do que teórica. Mesmo que esses procedimentos estejam associados a alguma teoria, o que está em jogo não é a explicitação dessa referência teórica. Em outros termos, o essencial desse tipo de situação não é a explicitação de argumentos, proposições ou teorias. Este é o caso, em que o aluno fornece a solução correta de um certo problema, mas não sabe explicitar os argumentos por ele utilizados na sua elaboração. No que se refere à prática pedagógica, quando se trabalha com uma situação de ação, o desafio consiste em escolher estratégias para que o aluno possa agir diretamente sobre o problema, sem ter que explicitar argumentos. Por esse motivo, em tais situações predomina o aspecto experimental, permanecendo ainda recuado o aspecto teórico dos conceitos envolvidos.

A *situação de formulação* é aquela em que aluno passa a utilizar, na resolução de um problema, algum esquema de natureza teórica, contendo um raciocínio mais elaborado do que um procedimento experimental e, para isso, torna-se necessário aplicar informações anteriores. Esse tipo de situação representa um avanço não só no sentido de aplicar outros conhecimentos como também de ser possível o uso de um procedimento metodológico mais elaborado. Nesse caso, o saber ainda não tem uma função de justificação e de controle das ações. O aluno pode tentar explicitar suas justificativas, mas isso não seria essencial para caracterizar esse tipo de situação didática. Trata-se do caso em que o aluno faz afirmações sem ter a intenção de julgar a validade do conhecimento, embora contenham implicitamente intenções de validação. Portanto, tais situações se caracterizam por não explicitar as razões lógicas da validade, pois o aluno não sente ainda nenhuma exigência nessa direção.

As *situações de validação* são aquelas em que o aluno já utiliza mecanismos de provas e o saber já elaborado por ele passa a ser usado com uma finalidade de natureza essencialmente teórica. Esse tipo de situação está relacionado ao plano da argumentação racional e, portanto, está voltada para a questão da veracidade do conhecimento. Quer seja do ponto de vista epistemológico ou didático, esse é um dos problemas mais complexos concernentes ao conhecimento, pois é praticamente impossível assegurar a universalidade do conceito de verdade, tendo em vista a diversidade das posições filosóficas existentes.

A solução histórica para esse problema foi a formação de territórios especializados, onde os critérios de validade encontram-se estabilizados de acordo com os seus paradigmas internos. É evidente que o espaço da aprendizagem escolar não tem a mesma natureza das comunidades científicas. Entretanto, um dos valores educacionais da ciência é propiciar ao aluno a oportunidade de vivenciar o desafio dessa validação, mesmo que ela seja condicionada pela especificidade escolar do contrato didático. Através dessas experiências com os procedimentos da argumentação do saber, o aluno pode contestar ou mesmo rejeitar proposições que ele ainda não compreende. O trabalho intelectual do aluno não se refere somente à informações sobre o saber, mas envolve também afirmações, elaborações, declarações a propósito da validade do saber. Para melhor precisar as situações de validação, Balacheff (1990) propõe uma distinção entre explicação, prova e demonstração. A explicação da validade de uma proposição está condicionada ao plano estrito da compreensão individual; enquanto uma prova se caracteriza como um procedimento de validação que se estende ao nível de um contexto social limitado, como é o caso da sala de aula. Finalmente, a demonstração é uma validação do conhecimento, cujas regras passam pelo crivo mais amplo da comunidade científica.

As *situações de institucionalização* têm a finalidade de buscar o caráter objetivo e universal do conhecimento estudado pelo aluno. Sob o controle do professor, é o momento onde se tenta proceder a passagem do conhecimento, do plano individual e particular, à dimensão histórica e cultural do saber científico. Por meio dessas situações, o saber passa a ter um estatuto de referência para o aluno, extrapolando o limite subjetivo. Quando se trata da passagem do individual ao social, é oportuno relembrar a conveniência de diferenciar a dimensão social dos saberes do plano subjetivo. Esse conhecimento passa a ser aceito pelo meio com o estatuto de um saber não localizado.

Assim, essas situações se justificam pela exigência de fixar, por uma convenção, o estatuto de um saber, pois certas situações exigem o reconhecimento externo, capaz de lhe conferir uma validade social, mesmo que seja no espaço da sala de aula.

Na classificação das situações didáticas é preciso destacar que elas, quase sempre, encontram-se fortemente entrelaçadas entre si. A separação proposta serve para operacionalizar uma análise didática e não para induzir uma separação nítida entre elas. Cada uma das situações articula diferentes regras do *contrato didático*, pois as tarefas do aluno e do professor são diferentes em cada uma delas. A institucionalização de um conteúdo não deve ser confundida com uma interpretação subjetiva, quando o professor antecipa indevidamente o conhecimento aceito como válido. A institucionalização só faz sentido quando o aluno compreende o significado do conteúdo e percebe a necessidade de integrar seu conhecimento a uma teoria mais ampla. Ao trabalhar com uma tal atividade, o professor seleciona aspectos formais do conteúdo, que passam a ser valorizados como um saber culturalmente acessível ao aluno.

Problema da validação do saber

As considerações aqui descritas dizem respeito a questões relativas aos procedimentos de validação do saber matemático e as ideias principais encontram-se descritas no trabalho de Balacheff (1988). Analisamos essa temática com a intenção voltada para o objeto didático, procurando projetar suas implicações na prática pedagógica e, ainda, procurando relacioná-la com as situações didáticas. Contudo, a complexidade do fenômeno cognitivo indica que não é adequado valorizar uma das situações em detrimento das demais, pois a aprendizagem se completa a partir de um movimento evolutivo de dependência entre elas. Em outros termos, a convergência do saber em uma situação de institucionalização gera níveis mais avançados, nos quais surgem situações de outros tipos e novas situações de institucionalização. Mesmo que não haja supremacia de uma em relação a outra, cumpre destacar que o problema da validação representa o momento crucial de passagem do saber escolar ao saber científico.

Um processo de validação do conhecimento é constituído por um conjunto sistematizado de argumentos elaborado com a finalidade de assegurar as condições formais de aceitabilidade de uma proposição ou de uma teoria científica. Trata-se de um procedimento lógico que viabiliza a passagem de um conhecimento restrito ao plano da descoberta, ainda preso às condições subjetivas, ao estatuto de um saber reconhecido como verdadeiro por uma comunidade científica. É a condição de formalização da ciência. O conhecimento sobre o qual são aplicados os argumentos de um processo de validação pode visar à explicação, um axioma, um teorema ou, ainda, a estrutura mais ampla de uma teoria.

A intenção de valorizar o trabalho com o processo de validação caracteriza a essência do saber científico. No entanto, no nível do saber cotidiano, essa questão não é colocada nos termos formais da ciência. Assim, tendo em vista a proximidade do saber cotidiano com o saber escolar, deve-se refletir sobre as condições de aproximação dos procedimentos de argumentação, tal como acontece na ciência. Nesses termos, para o estudo da validação, convém distinguir tanto o aspecto lógico dos argumentos como questões associadas à sua utilização em nível dos saberes escolares. Balacheff (1988) mostra que o estudo dos processos de provas deve ser feito tanto em relação ao sujeito cognitivo como em relação às situações didáticas nas quais se torna possível utilizar essa dimensão de validação do saber.

Uma das preocupações ao trabalhar com os procedimentos de validação do saber científico é a tentativa de assegurar a ausência de contradição. Dizemos que ocorre uma contradição quando se identifica a existência de oposição entre proposições deduzidas a partir de uma teoria. Assim, a *noção de contradição* encontra-se na essência do processo de provas e não pode ser analisada de maneira isolada da teoria, pois está inserida em uma sequência lógica de argumentos. A percepção de uma contradição está vinculada ao nível do conhecimento do sujeito e, por esse motivo, é constatada mais facilmente por um segundo sujeito que, no caso pedagógico, pode ser o professor. A aprendizagem evolui na medida em que ocorre a tomada de consciência da presença de contradições no discurso do conhecimento.

A finalidade da didática é, ainda, contribuir para que o aluno tome consciência quanto à existência de contradição em seu conhecimento. Se essa constatação não for efetivada, a aprendizagem permanece na exterioridade. A contradição é uma fonte de desequilíbrio necessária para a continuidade da aprendizagem, assinalando o início de uma nova etapa da aprendizagem e impulsionando a estabilidade cognitiva. Contudo, para sua superação é preciso também que exista um saber de referência, quer seja em nível científico quer em nível escolar. Em certa tendência da prática pedagógica tradicional, o aluno quase não tinha a oportunidade de experimentar constatação de contradição em seu próprio raciocínio.

Capítulo VI

Jogo pedagógico ou o contrato didático

Os vários tipos de situações didáticas que acabamos de analisar caracterizam a parte essencial da prática pedagógica, no plano específico de uma sala de aula de matemática. No entanto, os quatro tipos de situações se constituem em um modelo teórico que ao ser posto em prática, recebe influências de regras e condições, muitas vezes não previsíveis pelo sistema didático. Dessa forma, torna-se necessário estudar a noção de *contrato didático,* a qual, descrita por Brousseau (1986), refere-se ao estudo das regras e das condições que condicionam o funcionamento da educação escolar, quer seja no contexto de uma sala de aula, no espaço intermediário da instituição escolar quer seja na dimensão mais ampla do sistema educativo.

No nível de sala de aula, o contrato didático diz respeito às obrigações mais imediatas e recíprocas que se estabelecem entre o professor e alunos. Por certo, as ramificações dessas obrigações se estendem e se multiplicam para fora do espaço físico da sala de aula, revelando a multiplicidade de influências inerentes ao contexto escolar. Uma das características do contrato didático é o fato de suas regras nem sempre estarem explicitadas claramente na relação pedagógica. Desse modo, devemos estar atentos para que o sentido da noção não seja interpretado de uma forma inadequada, ou seja, como se todas as regras e condições preexistissem em relação às atividades construídas, conjuntamente, por professor e alunos.

Estudos mostram que a efetiva percepção da existência do contrato didático torna-se mais evidente por ocasião em que suas regras são rompidas por uma das partes nele envolvidas. A melhor percepção do contrato, por ocasião de sua ruptura, não decorre da vontade exclusiva dos sujeitos envolvidos na ação educativa, mas, sim, da possível interpretação da preexistência de suas condições em relação à prática pedagógica conduzida pelo docente. Do ponto de vista didático, outro aspecto importante de ser considerado, na análise do contrato, é a sua dimensão local com referência a um certo campo conceitual preciso. As características do saber em questão estão relacionadas às condições em que se realiza a prática pedagógica. Devemos considerar que certas características do saber matemático, tais como formalismo, abstração e rigor, condicionam algumas regras implícitas do contrato didático, expressas pelas diferenças habituais de concepções dos professores de matemática.

Noção de contrato didático

As raízes da noção de contrato didático estão associadas ao conceito de *contrato social*, proposto por Jean-Jacques Rousseau (1712-1778) e também ao conceito de *contrato pedagógico* analisado por Filloux (1974). Assim, pensamos ser conveniente levantar alguns elementos dessas raízes para que possamos melhor interpretar a noção no contexto didático.

Rousseau propõe uma forma de compreender as regras de funcionamento da sociedade e suas implicações na educação, admitindo que o estado natural do ser humano poderia levá-lo ao reino da felicidade terrestre, uma vez que ele estivesse livre das várias distorções impostas pelas regras sociais. Dessa forma, a educação deveria se aproximar, tanto quanto fosse possível, de uma vida livre para que a criança pudesse melhor desenvolver suas potencialidades. Suas ideias levaram a distinguir três diferentes estados no transcorrer do desenvolvimento intelectual do ser humano: o natural, o social e o contratual. Enquanto a liberdade e a igualdade prevaleceriam no estado natural, no contexto social o ser humano passaria a ser condicionado por um complexo conjunto hierarquizado de regras e compromissos, onde a tranquilidade de certos grupos sociais ficaria comprometida em virtude de coações e do jogo de interesses. Finalmente, o estado contratual deveria representar uma evolução para combater as injustiças do estado social, pois deveria prevalecer a vontade da coletividade, sendo esta entendida como uma expressão legítima da maioria dos membros de uma sociedade. Portanto, essa vontade deveria ser encampada como a vontade do Estado, mesmo diante da possível discordância de minorias. Esse foi um princípio democrático que influenciou a Revolução Francesa e outros movimentos políticos.

Segundo nosso entendimento, o que parece ser preservado na passagem do contrato social para o contrato didático é uma aparente impossibilidade dos sujeitos envolvidos participarem efetivamente da alteração das regras condicionantes da dinâmica das relações. Deixa-se transparecer um tom de imposição plena de uma ordem social e ou educacional, cuja possibilidade de mudança não dependeria dos sujeitos. Nessa linha de entendimento, haveria um cânone imposto que deveria ser forçosamente acatado no contexto social ou escolar, isto é, acatar as regras para que o sujeito possa ter a chance de ser considerado um vencedor. Caso ele passe a questionar ou a infringir as regras, seria um excluído do sistema social ou escolar.

O sentido proposto por Filloux (1974), ao descrever a noção de *contrato pedagógico,* destaca a inconveniência de predominar indevidamente, no sistema didático, uma certa superioridade do professor em relação à posição do aluno. Essa é uma situação em que pode ocorrer a imposição de um poder, considerado superior, a uma posição de inferioridade, reproduzindo o jogo social das relações de poder no ambiente escolar. Tal como acontece no quadro social, ao sujeito que acata essa hierarquia de poder é prometida uma recompensa de participar, como um vencedor, do território do saber escolar. É preciso acatar as regras do "jogo didático" para ser bem avaliado na escola. Há o predomínio de uma ideologia nessa relação de submissão, pois o contrato pedagógico se resume a uma condição de determinação.

Dessa forma, percebe-se que a noção de contrato didático retoma o sentido do contrato social e do contrato pedagógico, com a diferença de considerar um nível bem mais específico da natureza do saber envolvido em uma situação de ensino. O sentido proposto por Brousseau leva a entender a necessidade de considerar o contrato didático em função do trinômio: professor, aluno e conhecimento. É evidente que as relações entre esses três elementos do sistema didático não subsistem de forma isolada de outras regras da educação escolar.

Astolfi e Develay (1994) apresentam uma análise da noção de contrato didático, lembrando que é a partir dele que as regras pertinentes ao sistema constituído pelo professor, aluno e conhecimento podem ser estudadas para um melhor domínio do processo de ensino e aprendizagem. As várias relações decorrentes do funcionamento desse processo, acrescidas do caráter específico do saber científico ou matemático, tornam mais compreensíveis a partir do desvelamento de regras que constituem o contrato e de seus pontos de ruptura.

As regras do contrato didático não podem ser identificadas com as regras de um contrato jurídico. Uma das diferenças é que, no meio escolar, há também condições exigidas de uma forma implícita, o que aumenta a complexidade do sistema educativo. O desconhecimento dessas regras altera toda a dinâmica do ensino e da aprendizagem. Faz-se necessário que o professor conheça a especificidade educacional de sua disciplina e saiba como a consciência de sua existência pode influenciar diretamente o sucesso ou fracasso do trabalho didático.

Ruptura do contrato didático

Brousseau (1986) observa que o mais importante não é tentar explicitar a totalidade das regras que constituem o contrato didático e, sim, delinear alguns de seus possíveis pontos de ruptura. Explicitar todas as suas regras é uma tarefa impossível, pois a natureza do contrato envolve, além das condições explicitadas pelas normas, interpretações subjetivas que não são totalmente previsíveis. De forma análoga, não é possível ter uma clareza absoluta quanto à localidade dos pontos de ruptura. Apesar dessa dificuldade, é conveniente estimar situações vulneráveis da atividade pedagógica escolar, na qual o processo de ensino e aprendizagem pode ser obstruído. Assim, as causas, os momentos e as condições dessa ruptura não podem ser previstos totalmente, pois ocorrem no transcorrer da dinâmica das situações didáticas e estão também relacionadas à dimensão subjetiva dos sujeitos envolvidos.

Um primeiro exemplo de ruptura do contrato didático pode ser dado pelo caso do aluno que mostra desinteresse pela resolução dos problemas propostos pelo professor ou no caso em que não há o envolvimento necessário nas atividades propostas. Nessa situação, ocorre uma ruptura do contrato, pois, mesmo que não haja uma regra explícita e formal prevendo o envolvimento do aluno nas atividades didáticas, o que se espera é que isso aconteça dentro dos limites pertinentes à atividade pedagógica. A percepção e a superação dessa ruptura torna-se uma condição imprescindível para a continuidade do processo educativo e, portanto, exige a verificação das razões que levaram a esta situação de desinteresse.

Um segundo exemplo de situação em que ocorre ruptura do contrato didático é o caso do professor que propõe a resolução de um problema para o qual a estratégia de solução não está compatível com o nível intelectual e cognitivo do aluno. Em uma prática pedagógica normal, espera-se que os problemas propostos tenham uma lógica de solução próxima ao conteúdo estudado. Esse exemplo é caso ilustrado por Baruk (1990), analisando o entendimento dos alunos quanto à resolução de um problema cujo enunciado apresenta dados sem uma relação lógica entre si. Esse problema, conhecido como *A Idade do Capitão*, tem o seguinte enunciado: "Num navio há 26 carneiros e 10 cabras. Qual é a idade do capitão?" A falta de coerência entre os dados do problema não é percebida por um grande número de alunos, que insistem em apresentar uma solução numérica, relacionando os números que aparecem no enunciado, pois esta é, quase sempre, uma regra implícita na resolução de problemas de aritmética. Silva (1999) descreve uma extensa análise didática desse e de outros problemas, nos quais ocorre a ruptura e uma renegociação das regras do contrato didático.

Um terceiro exemplo de ruptura do contrato didático é o caso em que o professor apresenta uma postura pedagógica não compatível com a sua função de orientador das situações de aprendizagem.

A situação onde o professor "perde a paciência" e passa a aplicar retaliações ao aluno que se comportou de forma inadequada caracteriza uma ruptura do contrato didático, pois um tal descontrole significa o rompimento de uma ética pedagógica que não é normalmente explicitada na formação do professor. Essa situação torna-se mais grave quando o próprio saber é utilizado pelo professor para aplicar uma punição aos alunos, enfatizando dificuldades epistemológicas fora do nível de compreensão dos mesmos.

Finalmente, cumpre destacar que o conjunto das regras do contrato didático é o resultado de várias *fontes de influência*, quer seja do quotidiano, do próprio espaço da sala de aula, da instituição escolar, de uma comunidade de especialistas em educação quer seja de toda a sociedade. Em nível da prática pedagógica, espera-se que o professor planeje as atividades que serão propostas para facilitar a elaboração do conhecimento pelo aluno. Além disso, compete ao professor verificar em que condições essa elaboração foi efetivada pelo aluno. Se a aprendizagem não ocorreu de forma satisfatória, o trabalho deve ser redirecionado para promover uma devolução adequada ao nível cognitivo do aluno. A negativa dessa condição se constitui em uma ruptura do contrato e implica na desistência de engajamento no processo de ensino e, portanto, em um abandono do aspecto profissional da atividade docente. A frustração de uma proposta didática implica na oportunidade de refletir a propósito do compromisso envolvido na atividade pedagógica.

Três exemplos de contrato didático

Brousseau (1986) apresenta três exemplos de contratos didáticos, enfatizando as diferentes posturas do professor diante do aluno e da valorização do saber matemático. São modelos que indicam diferentes maneiras de conduzir a prática educativa escolar, as quais podem ser também analisadas em vista das grandes tendências da prática pedagógica. Nos próximos parágrafos, descrevemos as características gerais desses três tipos de contrato didático.

No primeiro exemplo, a ênfase é colocada sobre a importância do conteúdo e a efetivação dessa valorização se faz através da relação entre professor e aluno. As regras do contrato didático são caracterizadas pela predominância de um rígido controle dessa relação, o qual é exercido através do próprio saber. Uma das características desse tipo de contrato é o fato do professor considerar que detém o monopólio do conhecimento. Além disso, ele escolhe a parte essencial dos conteúdos a serem ministrados e não permite maior participação do aluno nessa escolha, tal como, trazendo problemas, questões ou sugestões. O professor também se prende fortemente à tradição e impõe o uso de um único método de organização e apresentação do conteúdo, que ocorre através da escolha de uma sequência linear de axiomas, definições, teoremas, demonstrações e exercícios. O professor considera que o aluno não sabe nada do que vai ser ensinado e acredita, pelo contrário, que seria melhor que ele esvaziasse seu pré-reflexivo não científico para ampliar as condições de aprendizagem. Além disso, o professor tem a convicção de que, quanto mais clara for sua exposição, melhor será para a aprendizagem e que o aluno deve prestar muito atenção à aula, tomar notas, repetir os exercícios clássicos, estudar e fazer as provas. Nessa linha, geralmente, a metodologia de ensino é totalmente desprezada pelo professor com o argumento que a própria metodologia lógico-dedutiva é suficiente para a elaboração do conhecimento matemático pelo aluno. O professor resolve alguns problemas desafiadores que, à primeira vista, parecem fáceis aos olhos dos alunos, mas, quando esses vão resolver exercícios, eles parecem muito mais difíceis do que aqueles que o professor resolveu em sala de aula. O aluno considera, quase sempre, que o nível de exigência das provas é superior ao nível das aulas. Finalmente, pode haver um clima de conflito entre os alunos e o professor, mas este deve ter o domínio da situação, pois a avaliação pode ser usada como instrumento de controle.

No segundo exemplo de contrato didático, a ênfase é atribuída mais ao relacionamento entre o aluno e o saber, apenas com um leve acompanhamento do professor. A ideia central é que o aluno é quem efetivamente deve aprender e não é o professor quem tem o poder de transmitir conhecimentos. De acordo com essa visão, o aluno deve se empenhar efetivamente para aprender, desenvolvendo o conhecimento inicial que ele já tem. Na maioria das vezes, o professor propõe a realização de trabalhos em grupo e faz poucas intervenções para não "atrapalhar". Essa postura é, em parte, a manifestação de uma educação não diretiva, pois o aluno assume, quase que sozinho, a dinâmica de toda aprendizagem. Cada aluno tenta livremente construir sua trajetória, estudando mais os aspectos que mais lhe interessa.

Assim, há muito pouco controle do processo de aprendizagem, sendo que o professor pode até estimular os alunos a trabalharem, mas sua intervenção não visa a ser significativa para a aprendizagem. O professor pode estimular os alunos, mas ele não tem o objetivo de controlar os possíveis erros. Isto significa que o professor deixa de analisar os conceitos em formação, visando a explorar situações desafiadoras específicas. Nesse tipo de contrato, a ideia tradicional de currículo fica essencialmente modificada, pois não há um efetivo controle pedagógico sobre o funcionamento do processo de ensino e aprendizagem, aceitando-se que a intervenção do professor seja mínima, como se a aprendizagem do saber escolar fosse uma atividade espontânea. Nesse caso, ocorre uma confusão entre o saber cotidiano, em que a aprendizagem flui mais livremente e o saber escolar, no qual deveria iniciar as atividades de sistematização

No terceiro exemplo de contrato didático, há também uma forte ênfase no relacionamento do aluno com o saber, mas o professor tenta estabelecer um nível de intervenção bem mais comprometido do que no exemplo anterior. Nesse caso, a aprendizagem é considerada tanto em sua dimensão individual, como em situações envolvendo pequenos grupos, a classe como um todo e até mesmo do grupo familiar. Há uma ruptura da relação entre professor e o aluno, pois, como a ênfase é atribuída na dimensão aluno-conhecimento, o professor não é considerado mais como a fonte do conhecimento. Entretanto, essa ruptura é retomada por ciclos permanente. Em outros termos, o professor não abre mão de sua função docente de acompanhar o processo de aprendizagem. Dessa forma, há uma preocupação com o aspecto sociocultural no qual o aluno está inserido e há a tentativa de considerar, além do próprio saber, os referenciais extraescolares no ensino e aprendizagem. É o professor quem planeja as situações didáticas, mas isso é feito através de uma permanente vigilância entre a ação e a reflexão. A partir da análise do professor, são escolhidas situações desafiadoras, compostas por problemas, jogos, atividades, trabalhos de pesquisa, adequados à realidade e ao nível intelectual dos alunos. Assim, tem-se o objetivo de analisar possíveis erros e acertos e os resultados são reinvestidos na prática educativa. Esse acompanhamento se deve ao princípio de melhor conhecer o processo cognitivo da Educação Matemática. Finalmente, este modelo de contrato apresenta uma maior valorização da resolução de problemas, fazendo com que o aluno seja levado a atuar ativamente na elaboração dos conceitos matemáticos.

Contrato, costume e alienação

Algumas vezes, em debates com professores de matemática, o termo *contrato* nem sempre é aceito para caracterizar as complexas relações do sistema didático. Parece evidente que sua conotação não deve ser identificada com o sentido adotado nos contratos jurídicos, em que as partes envolvidas se restringem às regras explícitas e objetivas. No caso educacional, torna-se impossível explicitar todas as regras. Por outro lado, o contrato jurídico limita-se às regras que podem ser explicitadas objetivamente, em que cada parte contratante deve ter a consciência de seus direitos e deveres. No campo da educação escolar, contrariamente, as partes envolvidas não decidem pela grande maioria das regras. Elas são impostas como algo que não pode ser alterado. Além disso, a ação didática envolve regras de comportamento, que não podem ser totalmente mensuráveis. A tradição jurídica está, diferentemente, fundamentada em princípios que regem a sociedade. Apenas uma parte das regras do contrato didático está registrada. Muitas delas são mantidas apenas pela cultura oral e o seu sentido recebe diversas interpretações por parte dos envolvidos. Quanto a essa divergência, nem mesmo o contrato jurídico é plenamente objetivo, sendo, por vezes, necessária a mediação de um juiz para interpretar o sentido justo da legislação. Portanto, um dos aspectos que deve ser considerado na análise do contrato didático é a questão de admitir ou não a possibilidade de sua evolução.

Em outros termos, até que ponto os sujeitos envolvidos na prática educativa podem contribuir no aprimoramento das regras do contrato didático? Seria este um instrumento inflexível, entendido como uma imposição de uma fonte social de poder? Quanto à legitimidade do contrato didático, observa-se, muitas vezes, que não há contestações por partes dos sujeitos nele envolvidos, podendo ser até mesmo considerado como um costume saudável à preservação da instituição escolar.

A ideia de *costume didático* foi analisada por Balacheff (1988) para caracterizar ações, hábitos e valores que permanecem relativamente presentes nas situações escolares. De uma maneira geral, um costume é representado por um conjunto de práticas interpretadas como obrigatórias em um determinado contexto. A validade dessas práticas é preservada através de valores implícitos no referido contexto. O sentido dado por este autor é menos categórico do que o sentido normalmente atribuído ao contrato didático, entretanto, pode-se interpretar que este repousa sobre essa dimensão dos hábitos sociais. Tal como acontece com o contrato, é por ocasião do rompimento desses valores que o costume torna-se mais perceptível.

Esses costumes estão implícitos na vida escolar mais ampla e suas raízes se espalham pelo terreno social, político e até mesmo ideológico. Por vezes, no espaço restrito da sala de aula, tem-se a ilusão de que tais ações têm uma conotação de espontaneidade ou de estado pleno de inconsciência da parte dos condutores do sistema educacional. Por esse motivo, a atividade pedagógica exige uma permanente vigilância com respeito à legitimidade do contrato didático, pois muitas de suas regras podem estar impregnadas de uma ideologia contrária à promoção educacional e existencial do aluno. A defesa da permanência plena do contrato didático deixa transparecer um certo conformismo, transmitido de geração para geração, sem maiores reflexões, revelando até mesmo uma atitude de alienação.

O reconhecimento ou não da legitimidade do contrato didático suscita uma questão de natureza ética, pois é indesejável que o mesmo seja concebido como um obstáculo à evolução das relações entre os sujeitos diretamente envolvidos na ação educativa. Em outros termos, segundo nosso entendimento, é inadequado conceber o contrato didático como algo fechado, como se suas regras fossem inquestionáveis. O contrato não deve ser concebido como uma "explicação científica" para reforçar o antigo poder magistral da cátedra. Em outros termos, o contrato didático não é preexistente ao conjunto das relações construídas pela humanidade.

Capítulo VII

Cotidiano escolar e os efeitos didáticos

Pelo capítulo precedente podemos compreender que a teoria das situações didáticas e a noção de contrato didático foram desenvolvidas para contribuir com a compreensão da especificidade do fenômeno do ensino de matemática. Mas, tendo em vista as condições de cada realidade educacional, o cotidiano escolar reserva surpresas e acontecimentos não desejáveis para uma aprendizagem escolar satisfatória. Diante dessa possibilidade, o objetivo deste capítulo é descrever alguns *efeitos didáticos* apresentados por Brousseau (1996). Trata-se de situações que podem acontecer em uma sala de aula e que se caracterizam como momentos cruciais para a continuidade do processo de aprendizagem. Entretanto, sua ocorrência não deve ser entendida como um evento determinante, capaz de decidir o resultado final da ação educativa. Tais situações dizem respeito a um momento bem localizado, cuja superação depende, tanto do professor como do aluno. Não há garantia de que, tendo ocorrido uma tal situação, o aluno esteja impossibilitado de aprender, pois a aprendizagem é um fenômeno não redutível a uma única dimensão. Esses efeitos resultam de vários aspectos: metodologia de ensino, obstáculos, formação do professor, nível dos alunos, dos conceitos, entre outros.

Efeito Topázio

Na prática pedagógica da matemática, podemos identificar certas situações em que o aluno sente-se bloqueado diante da dificuldade momentânea de resolver um problema. Percebendo esta dificuldade e na tentativa de exercer plenamente sua tarefa pedagógica, o professor pode ser levado a tentar acelerar a aprendizagem, antecipando o resultado que o aluno deveria chegar pelo seu próprio esforço. Brousseau (1996) denomina esta situação de *efeito Topázio*, cujo significado é interpretado à luz de considerações provenientes da Didática da Matemática.

A denominação de *efeito Topázio* foi adotada, por analogia com uma passagem do romance *Topázio*, do escritor francês Marcel Pagnol, que descreve uma cena em que o professor, um dos seus personagens, se esforça para que seus alunos tenham sucesso na realização de um ditado. Ao realizar esse exercício de ortografia, o aluno comete o erro de concordância, escrevendo "os carneiro", e o professor, na esperança de ajudá-lo, acaba soletrando a expressão "os carneiros", dando uma ênfase excessiva à existência da letra "s", como exige a formação do plural. Diante da insistência do professor, o aluno acaba acrescentando a letra "s" para satisfazer a vontade do mestre, mas não por uma verdadeira compreensão do seu significado . O aluno escreve de maneira correta, mas sua resposta não tem consistência ortográfica. Ela é o resultado do estímulo direto do professor, pois não foi o aluno que escreveu corretamente pelos seus próprios méritos. Esse é um exemplo bem característico de várias situações de ensino, em que um problema é proposto, mas, vendo o aluno diante de uma dificuldade, o professor se precipita, fornecendo a resposta.

Esse tipo de situação é bem característico de uma certa vertente do ensino tradicional da matemática, na qual o professor, indevidamente, toma para si uma parte essencial da tarefa de compreensão do problema em questão. O que deveria ser resultado do esforço do aluno passa a ser visto como uma tentativa transferência do conhecimento.

O interesse em estudar esse fenômeno se deve ao fato de seu resultado ser profundamente negativo para uma educação escolar mais significativa. A visão pressuposta no embasamento das situações didáticas, exige uma atuação muito mais ativa do aluno. Nesse sentido, a ocorrência de um efeito Topázio sinaliza para a direção oposta à postura didática defendida pelo pressuposto de que é necessário o aluno participar ativamente na elaboração de seu próprio conhecimento.

Do ponto de vista pedagógico, o efeito Topázio é uma ação inadequada, pois está baseada na crença de que o conhecimento pode ser transmitido do plano intelectual do professor para o aluno. Além disso, esse processo está relacionado com a concepção metodológica sobre a qual repousa a proposta de educação escolar.

Quando ocorre um tal efeito didático, a atitude do professor encontra-se respaldada em circunstâncias condicionadas pelo tipo de *contrato didático* que predomina naquela situação. Assim, não basta incorrer em uma condenação precipitada dessa postura sem considerar os pressupostos sobre os quais assenta sua prática docente. Dependendo do contrato didático, a atitude do professor tem um resultado aparentemente satisfatório, pois o aluno consegue obter uma resposta imediata, mesmo não sendo obtida pelos seus próprios méritos. Segundo nosso entendimento, a situação de aprendizagem fica esvaziada; em virtude da posição passiva do aluno e da participação inadequada do professor, este acredita estar facilitando, mas comete o equívoco de passar informações essenciais para a resposta.

Nesse sentido, a participação do professor no *efeito Topázio* não deve ser interpretada como um erro no sentido absoluto do termo. A postura do professor que tenta "passar" o conhecimento para o aluno pode ser considerada inadequada, quando nos posicionamos na defesa de uma metodologia com tendência construtivista, pressupondo uma participação mais ativa do aluno na aprendizagem e essa concepção é contraditória em relação ao entendimento de que o conhecimento é algo que pode ser transferido de uma pessoa para outra. É preciso enfatizar que tal efeito esvazia as possibilidades de uma aprendizagem mais significativa, retirando do aluno a oportunidade de participar ativamente na síntese do conteúdo estudado.

O *efeito Topázio* representa particularmente um processo fundamental no que diz respeito às situações de resolução de problemas. Isso pode ser constatado principalmente em uma certa tendência pedagógica tradicional, na qual se acredita na possibilidade da aprendizagem ocorrer através da repetição de modelos, fórmulas e regras. Segundo esse entendimento, considera-se uma atitude normal passar, para o aluno, o modelo de resolução de um problema, na crença de que ele aprenda a resolver os casos semelhantes. O problema dessa concepção é que ela não é compatível com as novas competências exigidas atualmente, em que o aluno deve ser mais criativo, autônomo, ter iniciativa e não apenas ser um repetidor de fórmulas. Portanto, esse tipo de educação não desenvolve as condições próprias da era das tecnologias digitais.

Efeito Jourdain

O *efeito Jourdain* é o resultado de uma degeneração do efeito Topázio. Para se livrar da decepcionante constatação de um fracasso eminente do processo de ensino, o professor insiste em tomar para si o essencial da tarefa de compreensão que competia ao aluno. Assim, sua ação é conduzida pela vontade de identificar a existência de algum saber escolar ou científico em uma simples manifestação expressa pelo aluno. Com essa insistência, o professor torna-se protagonista de uma cena que chega a ser cômica, devido a sua extrema artificialidade. O aspecto cômico e artificial dessa situação é baseado na repetição de certas cenas do contexto familiar, onde se transformam ingenuamente conhecimentos do cotidiano, como se fosse a manifestação de um discurso revestido de sabedoria. A denominação de *efeito Jourdain* se deve à analogia com uma cena de um texto literário francês. Em sala de aula, esse efeito está associado a uma valorização indevida, por parte do professor, do conhecimento manifestado pelo aluno. Após algumas explicações, um pronunciamento do aluno é reconhecido como a manifestação autêntica de um efetivo saber escolar.

A relação professor-aluno não está livre das consequências de uma possível dificuldade docente para sustentar o debate pedagógico. Por certo, na análise de tais situações, encontram-se casos que não resistem a nenhum modelo teórico. Nessas condições, a origem do efeito Jourdain está associada à vontade do professor relacionar o conteúdo estudado naquele momento, com outros conteúdos já estudados, o que supostamente poderia ampliar o significado para o aluno, mas essa vontade fracassa pelo fato de que, na situação correlata, o aluno não consegue compreender a noção objetivada pela nova situação.

Um exemplo desse efeito pode ser dado pela situação em que o aluno, envolvido em uma atividade relacionada ao teorema de Pitágoras, desenha um quadrado sobre cada um dos lados de triângulo retângulo. O professor, pressentindo a dificuldade de trabalhar com a validação da proposição, diz para o aluno que ele acabava de "descobrir" uma demonstração do teorema, usando o conceito de congruência. Admite que estaria faltando uma formalização, mas que o aluno já teria revelado um conhecimento importante. Esse falso conhecimento da "demonstração do teorema" permanece na superficialidade, não tendo nem mesmo aproximado da essência do saber matemático em questão.

O *efeito Jourdain* é uma degeneração do efeito topázio porque não se trata apenas de uma antecipação de resposta do professor ao aluno. É mais grave do que isso porque a falta de controle pedagógico da situação faz com que o professor reconheça uma resposta ingênua do aluno como a expressão de um conhecimento escolar válido. De fato, o que ocorre é uma desistência, por parte do professor, em aprofundar o diálogo com o aluno, pois, nesse caso, possivelmente ele poderia se ver em uma situação embaraçosa, por não ter uma estratégia didática satisfatória. Diante dessa situação, a alternativa docente é reconhecer sinais de um "verdadeiro conhecimento" na resposta do aluno. O objeto principal da aprendizagem acaba sendo substituído por outro que não está vinculado com os objetivos da educação escolar. Em suma, o aluno trata apenas de um caso particular ou de uma situação deslocada do significado matemático e o professor admite que isso é o suficiente para considerar a existência de uma aprendizagem satisfatória.

Efeito da Analogia

A utilização de uma analogia entre um conteúdo já conhecido pelo aluno e os conceitos estudados em uma nova situação pode ser um recurso didático eficiente. O sucesso dessa analogia depende da forma como ocorre sua utilização. Essa deve ser acompanhada de uma vigilância criteriosa, por parte do professor, no sentido de não incorrer na redução do significado dos conceitos envolvidos. Existe a possibilidade de ocorrer uma dupla redução tanto da aplicabilidade do conhecimento do aluno, como do sentido do conteúdo visado. Esse fenômeno trata da possibilidade do professor incorrer em um uso inadequado da analogia.

Na Educação Matemática, em nível do imaginário dos professores, podemos lembrar a possibilidade do uso abusivo de uma analogia entre a estrutura lógica da matemática e uma pretensa "lógica" na estrutura do fenômeno cognitivo. É usual confundir os procedimentos lógicos e dedutivos do descobrimento do saber matemático com o que seria supostamente ideal para conduzir a aprendizagem. A constatação dessa possível confusão entre a metodologia científica e a prática de ensino em matemática foi detectada há mais de cinco décadas, em um consistente trabalho de Pastor (1948).

Um outro exemplo de uso abusivo da analogia, concernente à linguagem matemática, pode ser ilustrado por uma situação retirada de um conhecido livro de matemática, em nível de quinta série do ensino fundamental, comparando a ideia de densidade populacional com o conceito matemático de densidade dos números reais. Ao fazer esta analogia, o autor não mostra a mínima preocupação em comparar conjuntos finitos e infinitos, além de conjuntos enumeráveis e não enumeráveis. De forma mais ampla, este efeito está associado ao uso abusivo da metáfora que, por vezes, não expressa o sentido correto das ideias associadas.

A teoria das situações didáticas mostra que o uso inadequado de uma analogia pode ser o ponto de partida para desencadear em um efeito Topázio, que, por sua vez, pode se degenerar em um efeito Jourdain. Se por um lado, o uso de uma analogia é um recurso utilizado para facilitar a aprendizagem, por outro, há o risco que ela seja uma porta de entrada para outros efeitos didáticos negativos. O aluno chega a uma solução não porque ele aprendeu realmente, mas porque ele reconhece indícios com situações análogas que o professor propôs para que ele repetisse e, após algumas tentativas, compreende que a melhor alternativa é buscar semelhanças com a analogia utilizada pelo professor.

Deslize metacognitivo

Os fenômenos didáticos aqui analisados têm origem a partir de uma dificuldade, seja do aluno em compreender um certo problema seja do professor que não consegue dar uma continuidade satisfatória ao processo de ensino. Diante dessa dificuldade, o professor pode ser levado a confundir, em seu discurso pedagógico, a validade do saber científico com os seus próprios argumentos. Para melhor explicitar o significado desse efeito, supomos ser conveniente esclarecer o sentido que estamos atribuindo aos termos aqui utilizados. Traduzimos a expressão *glissement métacognitif* por *deslize metacognitivo*, em vez de *deslizamento metacognitivo*, entendendo que o termo *deslize* está mais próximo do sentido original do conceito proposto por Brousseau, pois *deslize* significa a quebra de um bom procedimento, lapso, engano involuntário, sendo esse é o sentido mais próximo da noção.

Quando uma situação de ensino não chega a um resultado satisfatório e o aluno mostra sua dificuldade, o professor, querendo dar continuidade o trabalho pedagógico e também percebendo que seus argumentos didáticos encontram-se quase esgotados, retoma as explicações com base exclusivamente em suas próprias concepções. A partir desse momento, passa a predominar o horizonte volátil das opiniões. O objeto de estudo deixa de estar vinculado a um discurso científico e as explicações passam a ter origem no saber cotidiano do professor. A epistemologia do professor passa a dominar os argumentos. De uma certa forma, a passagem do discurso científico ao senso comum pedagógico não é percebida pelo aluno, o que favorece a confusão entre o saber escolar e o mundo imediato de vida cotidiana.

Admitimos que a ocorrência isolada de um ou outro deslize metacognitivo, no cômputo geral de um curso, não compromete a totalidade do aspecto científico dos conteúdos ensinados, mas o problema se agrava quando tais equívocos se multiplicam em cadeia e passam a constituir a prática cotidiana do professor. Nesse caso, o saber escolar deixa de ser o objeto de estudo e o currículo se confunde com o senso comum. Quer seja em relação ao deslize metacognitivo, como também em relação aos outros efeitos, a perda do controle do processo é muito mais provável de ocorrer frente aos problemas relacionados à formação do professor. Se esse problema interfere em todos os efeitos, no caso do deslize ele se mostra mais ameaçador, pois se trata de uma saída involuntária justificada pela absoluta falta de domínio.

Efeito Dienes

O *efeito Dienes* é um fenômeno didático associado à epistemologia espontânea com a qual o professor concebe a natureza da disciplina com a qual trabalha. Relembramos que a epistemologia do professor representa o conjunto das concepções referentes à disciplina com a qual ele trabalha e que interferem fortemente na condução do processo de ensino. Essa observação torna-se necessária no sentido de distingui-la da epistemologia de uma ciência, como o conjunto de valores, método e teorias, historicamente, definidos pelos paradigmas da área científica em questão. Quando se trata da epistemologia do professor, identificamos a existência de crenças consolidadas pelo tempo, que condicionam uma visão subjetiva da ciência ensinada. Trata-se de um conflito que surge na passagem da dimensão subjetiva para a objetividade, que se constituem como características das situações de aprendizagem. A distorção entre a compreensão pessoal e os valores objetivos reduzem o significado das práticas educativas, aproximando o currículo mais do senso comum que da ciência.

Brousseau (1986) observa que, no contexto da matemática moderna, na década de 1960, os trabalhos do educador Dienes exerceram uma considerável influência. Sua proposta, chamada de processo psicodinâmico, consistia em um modelo de aprendizagem com base no reconhecimento de uma possível semelhança entre a teoria dos jogos estruturados e as situações de aprendizagem da matemática. Na realidade, esse modelo tentava sistematizar certos procedimentos de ensino, envolvendo a repetição de problemas ou de exemplos semelhantes com objetivo de induzir respostas padronizadas. Essa tentativa de modelar a aprendizagem era acompanhada de uma analogia excessiva com conceitos matemáticos, tais como isomorfismo, estrutura de grupo, passagem ao quociente, entre outros. Sob a influência da matemática moderna, a teoria dos conjuntos tornou-se o recurso ideal para descrever aspectos de uma situação didática. Essa tentativa de conceber uma didática com base em uma visão puramente estruturalista da matemática contribuiu para incorrer em confusões em entre o saber científico em si e a especificidade de seus valores educacionais.

A pretensão desse modelo era realmente ousada porque buscava uma base científica universal que pudesse explicar os fenômenos didáticos da matemática, tal como a validade ampla das próprias estruturas matemáticas. Daí o relativo sucesso inicial do seu modelo entre os professores de matemática que reconheciam nos procedimentos didáticos a mesma intencionalidade de estrutura lógica encontrada no saber matemático. Todos os fenômenos educacionais da matemática passariam a ser explicados por essa pretensa teoria universal, liberando o professor de toda responsabilidade por eventuais fracassos na aprendizagem.

Essa visão traz implícito um certo afastamento do professor, o que contribuiu para reforçar uma prática pedagógica empírica, uma vez que o professor podia se eximir de compreender o funcionamento do processo. Brousseau utiliza a expressão "epistemologia espontânea do professor" para enfatizar que suas ações empíricas passaram a ser justificadas por essa estrutura didática associada à estrutura ao saber matemático, como se a aprendizagem escolar fluísse ao ritmo cadenciado e linear em que os teoremas são apresentados no texto matemático. A proposta de Dienes era construir um modelo didático que fosse independente do conteúdo, tal como acontece com proposta de uma didática genérica. O contexto da época era dominado pelo movimento tecnicista e o papel do professor deveria ser apenas a de um organizador do jogo didático, tinha função de coordenar a apresentação de fichas, encorajando os alunos a utilizá-las e fazendo pequenas explicações.

O *efeito Dienes* ilustra uma situação em que o sucesso ou não da aprendizagem é explicado somente com base em uma suposta estrutura epistemológica do saber ensinado, na qual o professor não estaria envolvido. Segundo essa visão, o mestre tem a convicção de que os resultados de uma situação didática seriam relativamente independentes de seu próprio esforço pedagógico. De um certo modo, a existência de um tal efeito é também a manifestação de uma posição positivista, reforçada por uma visão estruturalista, na qual o essencial da aprendizagem é atribuído a um plano externo à participação do professor. Nesse caso, para a superação dos resultados desse fenômeno, a relação professor-aluno deve estar fundamentada em uma referência na qual apareça a função educativa do saber. A superação desse fenômeno está, portanto, ligada à possibilidade de repensar as condições em que a epistemologia do professor pode ser submetida a uma dinâmica de evolução.

Capítulo VIII

Questões metodológicas e a engenharia didática

Os conceitos descritos nos capítulos precedentes formam uma parte representativa da teoria educacional da Didática da Matemática, a qual tem sido utilizada como referência para a realização de um grande número de pesquisas com a orientação da metodologia denominada de *engenharia didática*. Por esse motivo, reservamos esse capítulo para análise dessa questão metodológica. A engenharia didática caracteriza uma forma particular de organização dos procedimentos metodológicos da pesquisa em Didática da Matemática. O interesse pelo seu estudo justifica-se pelo fato de se tratar de uma concepção que contempla tanto a dimensão teórica como experimental da pesquisa em didática. Uma das vantagens dessa forma de conduzir a pesquisa didática decorre dessa sua dupla ancoragem, interligando o plano teórico da racionalidade ao território experimental da prática educativa. Entendida dessa maneira, a engenharia didática possibilita uma sistematização metodológica para a realização prática da pesquisa, levando em consideração as relações de dependência entre a teoria e a prática. Segundo nosso entendimento, esse é um dos argumentos que valoriza sua escolha na condução da investigação do fenômeno didático, pois sem uma articulação entre a pesquisa e ação pedagógica, cada uma destas dimensões tem seu significado reduzido.

Noção de engenharia didática

A ideia da engenharia didática traz implícita uma analogia entre o trabalho do pesquisador em didática e o trabalho do engenheiro, no que diz respeito à concepção, planejamento e execução de um projeto. Artigue (1996) deixa clara essa analogia quando diz que a engenharia didática expressa uma forma de trabalho didático comparável com o trabalho do engenheiro na realização de um projeto arquitetônico. Tal como o trabalho de um engenheiro, o educador também depende de um conjunto de conhecimentos sobre os quais ele exerce o seu domínio profissional. Entretanto, quando se faz essa analogia entre a didática com o trabalho do engenheiro, torna-se conveniente destacar que o modelo teórico não é suficiente para suprimir todos desafios da complexidade do objeto educacional.

Nesse sentido, a realização de um tal projeto deve ser entendida em seu sentido pleno, envolvendo desde os desafios da criatividade inicial, por ocasião da gestação de suas primeiras ideias, até a sua execução prática, quase sempre, em uma sala de aula. Portanto, não se trata da execução de um projeto no sentido automatizado da repetição, pois a passagem do campo das ideias para a possibilidade racional é um desafio qualificado. Além do suporte do referencial teórico, é preciso que a realização prática da pesquisa seja submetida a um controle sistemático, visando a preservar as condições de confiabilidade da atividade científica, o que, segundo nosso entendimento, torna possível somente através da aplicação de um certo método, fundamentado em uma clara concepção mais de mundo.

Esse comentário antecipa nossa interpretação de que a engenharia didática se constitui em uma forma de sistematizar a aplicação de um determinado método na pesquisa didática. Recorremos a um exemplo para esclarecer essa questão: se a opção, ao realizar uma pesquisa, for a engenharia didática, em uma de suas etapas pode ser necessária a análise de discursos produzidos pelos alunos. Nesse caso, se esta for a opção do pesquisador, a análise desses discursos pode ser realizada a partir de um método qualquer, mostrando assim a possibilidade de ampliar o sentido de aplicação de um referencial metodológico. No transcorrer da aplicação de uma tal proposta, cada etapa deve ser acompanhada com o rigor decorrente de um determinado método, dependendo da escolha do pesquisador.

As quatro fases da engenharia didática

No que se refere ao seu planejamento, a escolha pela utilização de uma engenharia didática se faz pela execução de quatro fases consecutivas: análises preliminares; concepção e análise *a priori*; aplicação de uma sequência didática e a análise *a posteriori* e a avaliação.

Na *análise preliminar*, é preciso lembrar que a concepção de uma sequência de ensino não dispensa a referência de um quadro teórico sobre o qual o pesquisador fundamenta suas principais categorias. Feita essa observação, o objeto é submetido a uma análise preliminar, através da qual se fazem as devidas inferências, tais como levantar constatações empíricas, destacar concepções dos sujeitos envolvidos e compreender as condições da realidade sobre a qual a experiência será realizada. Por vezes, devido à complexidade dessa realidade, as constatações iniciais não são claramente explicitadas por ocasião do planejamento da pesquisa, mas sua interferência não pode ser desconsiderada para a concepção da proposta da sequência didática. Para melhor organizar a análise preliminar, é recomendável proceder a uma descrição das principais dimensões que definem o fenômeno a ser estudado e que se relacionam com o sistema de ensino, tais como a epistemológica, cognitiva, pedagógica, entre outras. Cada uma dessas dimensões participa na constituição do objeto de estudo.

A fase da *concepção e análise a priori* consiste na definição de um certo número de variáveis de comando do sistema de ensino que supostamente interferem na constituição do fenômeno. Essas variáveis serão articuladas e devidamente analisadas no transcorrer da sequência didática. Artigue (1996) sugere uma distinção entre as variáveis globais e as locais. As variáveis locais são aquelas que dizem respeito ao planejamento específico de uma sessão da sequência didática, restrita a uma fase da pesquisa. Há ainda a sugestão de uma segunda diferenciação entre variáveis gerais ou dependentes do conteúdo trabalhado. Quando se trata da dimensão microdidática, esta segunda diferenciação torna-se mais evidente, pois podemos falar nas variáveis do problema em si e das variáveis associadas ao meio que estrutura o fenômeno. É sobre o conjunto dessas variáveis que se inicia a análise *a priori*, cujo objetivo é determinar quais são as variáveis escolhidas sobre as quais se torna possível exercer algum tipo de controle, relacionando o conteúdo estudado com as atividades que os alunos podem desenvolver para a apreensão dos conceitos em questão.

A *aplicação da sequência didática* é também uma etapa de suma importância para garantir a proximidade dos resultados práticos com a análise teórica. Uma *sequência didática* é formada por um certo número de aulas planejadas e analisadas previamente com a finalidade de observar situações de aprendizagem, envolvendo os conceitos previstos na pesquisa didática. Essas aulas são também denominadas de *sessões*, tendo em vista o seu caráter específico para a pesquisa. Em outros termos, não são aulas comuns no sentido da rotina de sala de aula. Tal como acontece na execução de todo projeto, é preciso estar atento ao maior número possível de informações que podem contribuir no desvelamento do fenômeno investigado. Além disso, é preciso defender o princípio de que as circunstâncias reais da experiência sejam claramente descritas no relatório final da pesquisa. Muitas pesquisas exigem a observação direta de atividades realizadas pelos alunos, o que não é uma atividade evidente de ser registrada, tendo em vista as diversas relações nelas envolvidas. Por exemplo, o registro de atividades, envolvendo a manipulação de materiais didáticos, tais como os sólidos geométricos, exige um cuidadoso estudo preliminar para ampliar a confiabilidade da análise. Algumas dessas realizações podem ser filmadas, gravadas e outras, apenas descritas pelo pesquisador.

O que interfere na escolha do tipo de registro da sequência são as variáveis priorizadas na *análise a priori*. Por exemplo, se apenas o discurso do aluno for suficiente para se constituir na fonte primária da análise, apenas o registro por meio de uma gravação em fita cassete é suficiente. Por outro lado, se objeto requer a observação do comportamento do aluno, da manipulação de objetos ou das condições do meio, talvez o registro por meio de vídeo será mais adequado. Seja qual for o suporte de registro da realização, é importante persistir na transparência de uma descrição fidedigna com a realidade em que a experiência foi realizada. Cumpre destacar ainda que, quando a aplicação da sequência não for diretamente coordenada pelo pesquisador, é preciso que a equipe de professores esteja suficiente consciente quanto aos objetivos da pesquisa, pois, caso contrário, os resultados podem ser prejudicados.

A *fase da análise a posteriori* refere-se ao tratamento das informações obtidas por ocasião da aplicação da sequência didática, que é a parte efetivamente experimental da pesquisa. Esses dados podem ser obtidos pela observação direta do pesquisador ou da equipe de aplicação da experiência, desde que sejam devidamente registrados, de forma objetiva, nos protocolos da experiência. O importante é que essa análise atinja a realidade da produção dos alunos, quando possível, desvelando seus procedimentos de raciocínio. A análise *a posteriori* tende a enriquecer, quando possível, complementar os dados obtidos por meio de outras técnicas, tais como, questionários, entrevistas, gravações, diálogos, entre outras.

No caso da engenharia didática, a *validação* dos resultados é obtida pela confrontação entre os dados obtidos na análise *a priori* e *a posteriori*, verificando as hipóteses feitas no início da pesquisa. Para valorizar o aspecto epistemológico da pesquisa didática, é recomendável ressaltar que a validação é um dos problemas clássicos da teoria do conhecimento. Se a opção fosse por uma abordagem estatística, por exemplo, a validação corresponderia à confrontação dos resultados entre o grupo experimental e o grupo de controle. Do ponto de vista metodológico, a validação é uma etapa onde a vigilância deve ser ampliada, pois se trata de garantir a essência do caráter científico. Dessa maneira, enquanto procedimento metodológico, a engenharia didática se fundamenta em registros de estudos de casos, cuja validade é interna, circunscrita ao contexto da experiência realizada.

Dimensão teórica e experimental da pesquisa

No campo didático, as dimensões da teoria e da experiência devem ser consideradas instâncias complementares do fenômeno da aprendizagem. Nesse sentido, pelo fato de interligar o aspecto científico com a prática pedagógica, a técnica da engenharia didática está inserida na defesa desse pressuposto. A partir dessa

COLEÇÃO TENDÊNCIAS EM EDUCAÇÃO MATEMÁTICA

posição, toda racionalização deve ser submetida a uma verificação experimental e, analogamente, toda experiência deve ser submetida a uma análise racional. O vínculo da engenharia didática com a dimensão teórica e experimental fica claro no texto de Artigue (1996, p. 247):

> A engenharia didática, vista como metodologia de pesquisa, se caracteriza, em primeiro lugar, por ser um esquema experimental baseado em realizações didáticas em classe, isto é, sobre a concepção, a realização, a observação e a análise de sequências de ensino.

Por esse motivo, se trata de uma alternativa que amplia as condições de influência dos saber acadêmico na realidade imediata do sistema de ensino. Em outros termos, trata-se de uma sistematização da pesquisa de maneira que ciência e técnica são mantidas articuladas, estabelecendo melhores condições de fluxo entre as fontes de influência descritas pela transposição didática. Nesse caso, o saber acadêmico é constituído pelos resultados da pesquisa, enquanto que suas constatações práticas estão relacionadas com o saber a ser ensinado. A estruturação proposta pela engenharia didática mantém um elo de aplicação entre esses dois saberes, aproximando a academia das práticas escolares.

A descrição de alguns elementos de comparação da engenharia didática com outras técnicas de pesquisa também comprometidas com a dimensão da prática educativa é realizada por Machado (1999), contribuindo para explicitar a singularidade dessa forma de desenvolver o trabalho educacional em Didática da Matemática. Mesmo que possa ser reconhecida uma certa proximidade entre a engenharia didática e o modelo proposto pela pesquisa etnográfica, tal como a exigência da inserção do sujeito pesquisador no meio pesquisado, conforme observa a referida autora, o destaque atribuído à primeira se faz pelo rigoroso exercício das análises a *priori* e a *posteriori*, consideradas como etapas fundamentais da pesquisa didática. Além desses dois momentos de análise, exige-se uma comparação rigorosa entre os dois, viabilizando a construção dos resultados da pesquisa.

Metodologia e técnica de pesquisa

Por ser a engenharia didática amplamente utilizada na Didática da Matemática, como uma metodologia de pesquisa, pretendemos buscar uma melhor precisão na definição do método ou da técnica de pesquisa, justificando com isso a defesa de sua utilização, na tentativa de aproximar de princípios defendidos na área mais ampla da educação. É preciso destacar que em função de cada concepção metodológica, a execução de uma engenharia didática é condicionada diferentemente por uma série variáveis definidoras do contexto em que a pesquisa é realizada. Essa variabilidade não pode alterar a preservação dos princípios essenciais do método escolhido. Por esse motivo, a expressão *técnica de pesquisa* é mais apropriada para caracterizar a engenharia didática em vez de ser uma metodologia. Mesmo que essa possa parecer uma diferença secundária, não é bem assim, pois o debate metodológico é fundamental parar garantir a validação da pesquisa. Na medida em que se reduz sua importância, está sendo reduzido também o aspecto científico da pesquisa. Feita essa observação, a adoção de uma técnica deve ser sempre acompanhada pela explicitação de um método, sendo este entendido no sentido do referencial filosófico da pesquisa.

Na linguagem do cotidiano escolar, o termo *método* nem sempre é utilizado com um sentido preciso. Por esse motivo, para abordar a complexidade didática, é conveniente distinguir duas maneiras de utilizá-lo, as quais podem esclarecer nossos objetivos. São dois sentidos relacionados, mas a não explicitação dessas relações pode lançar dúvidas sobre os pressupostos básicos da pesquisa. Em um sentido amplo, o método significa a escolha de um caminho que pode conduzir a busca do conhecimento, incluindo necessariamente a mencionada visão de mundo, da vida no sentido amplo e os valores historicamente construídos pela humanidade. Como consequência dessa visão de mundo, a opção por um determinado método deve explicitar certos procedimentos ordenados, pelos quais se espera chegar à apreensão da verdade. É evidente que não pode fixar-se, previamente, todos os detalhes do caminho a ser percorrido. O método é, portanto, uma questão de escolha pessoal e não deve jamais ser instrumento de imposição sobre a opção do outro.

No contexto da pesquisa, o método deve explicitar a forma como o pesquisador visualiza o fenômeno educacional como um todo, envolvendo noções mais precisas, tais como aprendizagem, conhecimento, ciência, escola, sociedade, entre outras. Portanto, o método inclui concepções quanto aos saberes, valores e procedimentos para a condução da busca do conhecimento. Dessa forma, por uma questão de coerência, o método não pode ser trocado ou permutado com tanta facilidade, mesmo quando se admite uma permanente possibilidade de transformações no pensamento humano. Por esta razão é preciso utilizá-lo com uma certa estabilidade, pois se a cada dia lançamos mão de um novo método, certamente, nos debateremos com o problema da coerência entre nossos valores e ações. Por outro lado, isso não implica que o método deva ser visto como um instrumento estático e absoluto, que não possa receber interpretações do próprio pesquisador.

Em um sentido mais restrito, admitindo a intenção do pesquisador estar empenhado na busca de uma maior consistência metodológica na condução de sua ação pedagógica, existem vários instrumentos que permitem melhor planejar e conduzir as atividades da pesquisa. Esses instrumentos são as técnicas de aplicação de um determinado método, este sendo entendido no sentido mais amplo, tal como destacamos acima. Para maior clareza, é recomendável explicitar o método adotado na pesquisa e quais foram os seus procedimentos metodológicos, ou seja, as técnicas priorizadas na sua realização prática. Por exemplo, se a opção metodológica for a realização de uma pesquisa, segundo o referencial proposto pela abordagem fenomenológica,[6] o pesquisador deve explicitar o seu entendimento quanto a este método e sua pertinência ao objeto de pesquisa. Num segundo momento, é necessário descrever a sucessão dos passos adotados para a realização da pesquisa: levantamento bibliográfico, análise da teoria, contatos com os sujeitos, entrevistas, observações, análise, redação, entre outros. Finalmente, cumpre observar que a diversificação das técnicas ou dos procedimentos metodológicos não só amplia a consistência da pesquisa, como também enriquece o processo de validação dos resultados obtidos. Por outro lado, não acreditamos na conveniência de diversificar métodos pois nossas concepções não podem ser assim tão vulneráveis ao ponto de serem frequentemente mudadas, mesmo admitindo a flexibilização de serem elaboradas por permanentes retificações.

A expressão *metodologia de pesquisa*, entendida como técnica de pesquisa, se refere aos diferentes procedimentos previstos para a busca do saber em sintonia com sua visão mais ampla de método. Com base nesse raciocínio, consideramos como técnica: análise de livros, análise de discursos, aplicação de questionários, realização de entrevistas, observações diretas, análises estatísticas, entre outras. A utilização dos termos adequados, por certo, não decide a essência do conceito, entretanto, temos a obrigação de explicitar qual a concepção metodológica que fundamenta a aplicação de um desses instrumentos. O importante é deixar claro o sentido atribuindo a esses termos, além de se atentar para o fato de que certas técnicas são mais compatíveis com determinados métodos. Por exemplo: a análise estatística é mais compatível com o referencial positivista, enquanto a análise de discursos é uma técnica priorizada pelo método fenomenológico, cujo enfoque e mais qualitativo do que quantitativo.

Elementos de síntese

A justificativa de escolha pelo uso de uma engenharia didática se deve ao fato de que as técnicas tradicionais, tais como questionários, observações diretas, entrevistas, análises de livros, análise documental, são insuficientes para abranger a complexidade do fenômeno didático, sobretudo, em nível de sala de aula. Mesmo que esses sejam instrumentos válidos, no universo de suas próprias limitações, não têm a especificidade necessária para interpretar a dimensão do aspecto cognitivo em nível da aprendizagem escolar. A adoção exclusiva de um desses instrumentos na pesquisa didática não é recomendável, sobretudo, tendo em vista a diversidade de relações envolvidas na atividade pedagógica. Assim, a utilização de uma engenharia didática reforça a confiabilidade da pesquisa e sua potencialidade se deve à defesa do vínculo com a realidade da sala de aula.

Para ampliar essa forma de organizar a pesquisa, sua aplicação deve ser realizada, observando que a concepção de método ultrapassa a caracterização de um conjunto de procedimentos práticos para a investigação do objeto de estudo. O método deve ser entendido como a escolha de um caminho a ser seguido na busca do conhecimento. Trata-se de uma posição filosófica e que embasa a realização da pesquisa por meio de um conjunto de procedimentos, além de considerar seus vínculos com as questões maiores do fenômeno investigado. A defesa desse caminho só faz sentido se estiver ancorada em uma concepção mais ampla de mundo, no sentido filosófico do termo. A partir dessa escolha, surge outra questão que é a definição dos procedimentos que viabilizam da busca do novo conhecimento. Sua proposta pode ser interpretada como solução para a questão do significado da pesquisa didática, tanto para o seu reconhecimento como ciência ou como instrumento de intervenção na prática escolar.

Considerações finais

No contexto educacional brasileiro, a *Didática da Matemática* é considerada por nós como uma das tendências de pesquisa que constituem a área de *Educação Matemática*. Uma de suas características é a interpretação de problemas do ensino e da aprendizagem da matemática, através de conceitos didáticos. A defesa dessa prioridade significa a intenção de trabalhar com noções que expressem uma certa regularidade na ocorrência de situações representativas desse fenômeno educativo. A estrutura teórica que relaciona os conceitos da Didática da Matemática tem a finalidade se traduzir em propostas compatíveis com a especificidade educativa da matemática. Os aspectos que destacamos na análise descrita nos nove capítulos anteriores podem ser sintetizados em três dimensões principais que se encontram essencialmente integradas entre si: os *valores*, os *conceitos* e as *questões metodológicas*.

Os valores da Didática da Matemática

Os *valores* educacionais da matemática são os argumentos básicos para justificar a importância dessa disciplina no currículo escolar. No transcorrer de nossa análise, vários desses valores foram explicitados através das interpretações que fizemos dos conceitos didáticos. Eles aparecem sob a forma de objetivos, concepções, princípios, metas ou intenções. Por vezes, ao defender esses valores, o aspecto subjetivo parece se manifestar com mais intensidade do que a própria razão, porém, acreditamos que não houve nenhuma permanência ao reino exclusivo das opiniões pessoais, pois se trata de pressupostos defendidos por tendência representativa da área de Educação Matemática. *A título de exemplo*, relembremos aqui alguns dos princípios, que consideramos os principais. Em primeiro lugar, existe uma especificidade educacional do saber matemático que se constitui em um complexo objeto de pesquisa. A seguir, a Didática da Matemática defende uma estreita relação entre o nível experimental da prática pedagógica e o território acadêmico da pesquisa e, finalmente, devemos lembrar da importância didática do estudo das relações estabelecidas entre professor, aluno e o saber. Quando esses valores são sintetizados em noções mais genéricas e com uma certa coerência interna, passam a se constituir em uma referência metodológica.

Questões metodológicas

A importância da *questão metodológica* se revela pela fundamentação que ela permite à sistematização dos procedimentos operacionais da pesquisa. O método orienta a busca de novos conhecimentos e viabiliza o processo de validação do saber. Em particular, as questões metodológicas que foram aqui destacadas são necessárias para a ampliação das condições de validade da produção na área de Educação Matemática. Além do mais, por entender que uma concepção educacional não se sustenta de forma isolada de uma visão maior de mundo, incluímos na vertente metodológica uma proposta de Bachelard, quanto à aplicação do *racionalismo aplicado*, na elaboração do saber científico. Em outros termos, isso significa a defesa de que todo ensaio experimental deva ser submetido ao controle de uma visão teórica, da mesma forma como toda teoria deve se realizar na dimensão prática.

No que se refere ainda à questão metodológica, a *engenharia didática* foi destacada por nós como uma forma de organizar a pesquisa em Didática da Matemática, a partir da criação de uma sequência de aulas, cuidadosamente, planejadas com a finalidade de obter informações para desvelar o fenômeno investigado. A aplicação de uma engenharia didática se inicia por uma fase de análises preliminares, valorizando experiências anteriores do pesquisador. Num segundo momento, realiza-se uma análise *a priori* do problema, onde cada variável é cuidadosamente estudada em relação ao objeto de estudo. Finalmente, sua execução prática requer uma atenção especial, pois qualquer interferência externa pode alterar os resultados. Por ocasião da análise dos resultados, se faz ainda necessário a vigilância do pesquisador, pois se trata da institucionalização dos novos conceitos didáticos desenvolvidos pela pesquisa.

Enfoque conceitual da didática

Neste trabalho, foram priorizados alguns *conceitos didáticos* que conduziram o enfoque principal da análise realizada. Eles foram analisados e projetados no ensino da matemática. A característica do trabalho com os conceitos é uma tentativa de expandir o aspecto da objetividade, entendendo que esta deva ser uma das características do saber científico. Tivemos o objetivo de mostrar a conveniência teórica de analisar o fenômeno educacional da matemática e traduzi-los sob a forma de conceitos didáticos.

A síntese obtida a partir desses conceitos mostra um corpo teórico em franco processo de expansão, cuja finalidade maior é fornecer uma fundamentação para a Educação Matemática, quer seja em nível da pesquisa acadêmica ou das aplicações práticas no cotidiano escolar. Em particular, enfatizamos as relações entre seis conceitos: *transposição didática, obstáculos didáticos, campos conceituais, situações didáticas, efeitos didáticos* e *contrato didático.*

A *transposição didática* permite uma visão panorâmica das transformações por que passa o saber matemático, desde sua gênese acadêmica, passando pelas ideias dos autores de livros, por especialistas em educação, responsáveis pela política educacional, pelas interpretações do professor, até chegar no espaço conflituoso da sala de aula e, daí, para o nível intelectual do aluno. Além dessas fontes de influência, existem várias outras que condicionam transformações essenciais no conhecimento do aluno. Tendo em vista essa diversidade de influências, a transposição didática está diretamente relacionada à outras noções didáticas. Por exemplo, o estudo da formação de conceitos pode revelar a existência de obstáculos didáticos, que, por sua vez, podem levar à ocorrência de algum tipo de efeito didático. Além disso, no planejamento de uma situação didática, deve-se levar em consideração informações fornecidos pela transposição didática, algumas delas de natureza puramente epistemológica. Por esse motivo, a transposição didática é uma noção integradora da didática da matemática.

A percepção dessa condição integradora da transposição didática mostra a conveniência de fazer uma distinção entre o *saber e o conhecimento*. Enquanto o saber está relacionado ao aspecto evolutivo das ciências, o conhecimento é considerado como uma produção mais próxima da aprendizagem. Por esse motivo, o conhecimento está sujeito à instabilidade do aspecto particular e subjetivo. Essa distinção é feita com uma finalidade exclusivamente pedagógica, pois é a prática docente que explicita os conflitos da aprendizagem escolar, enquanto a prática do pesquisador afeta o conflito da criação de novas teorias. Além do mais, esta distinção auxilia a compreensão da diferença entre o saber científico e o saber escolar, de onde somos levados a buscar maior precisão para o saber matemático.

As raízes do *saber matemático* estão plantadas no território acadêmico e exercem uma influência na prática educativa. Suas características se traduzem pelo trabalho do matemático: criação de modelos, enunciado de conjecturas, descoberta de teoremas e demonstrações, sistematizados por uma validação submetida aos paradigmas da comunidade matemática.

Segundo nosso entendimento, as características desse objeto condicionam certas posições pedagógicas do professor de matemática e das tarefas feitas pelos próprios alunos. Por outro lado, o *conhecimento matemático* refere-se à dimensão individual, revelando os desafios da aprendizagem. Essa não é apenas uma questão de semântica; pelo contrário, ao destacá-la, estamos enfatizando a essência da atividade didática, mediadora na passagem da subjetividade ao plano objetivo da ciência. Seguindo as indicações da transposição didática, esse saber matemático é o objeto comum na interação entre o professor e o aluno, gerando os diversos conflitos característicos da aprendizagem escolar.

Um desses conflitos é o que denominamos de *contágio epistemológico*. Trata-se de um excesso de influência do aspecto epistemológico do saber matemático na prática educativa, principalmente, no que diz respeito às relações entre o professor, os aluno e o saber. Essa influência expressa uma ingerência das características da matemática na forma como alguns professores conduzem sua prática pedagógica. Por esse motivo, pelo fato do rigor ser uma das características do saber matemático, o professor de matemática, normalmente, é também rigoroso na condução da relação pedagógica com os seus alunos. Acontece uma confusão entre a relação pedagógica e as características do saber científico, a qual ocorre não somente em relação ao rigor, mas também em relação a outras características da matemática, tais como generalidade, abstração, objetividade e dedução lógica. Da mesma forma como esse contágio pode dificultar a aprendizagem, existem outras dificuldades, tanto na evolução do saber, quanto na aprendizagem, como é o caso dos obstáculos epistemológicos e didáticos.

Os *obstáculos epistemológicos* foram descritos por Bachelard, quando ele analisava as condições históricas de formação dos conceitos científicos. Trata-se da resistência oferecida por conceitos considerados verdadeiros, em um determinado período, e que, na realidade, dificultam a formação de um novo saber. No caso do ensino da matemática, a análise desses obstáculos deve ser realizada com cautela, visto que essa disciplina apresenta uma regularidade no registro de sua evolução, ou seja, não é fácil encontrar, na história da matemática, teoremas demonstrados cuja veracidade seja negada por descobertas posteriores. Na dúvida, a alternativa dos matemáticos é trabalhar com as conjecturas, cuja condição de verdade permanece em aberto até ser provada ou refutada.

Por esse motivo, a aplicação da noção dos obstáculos epistemológicos, na área pedagógica da matemática, não é tão simples como pode parecer. O avanço dessa questão leva a diferenciar as condições de gênese das ideias matemáticas e a sua validação por uma demonstração. Para superar essa dificuldade, encontra-se em fase de consolidação a noção de *obstáculos didáticos,* que são propostos para viabilizar uma interpretação da formação de conceitos, no plano da aprendizagem, sem vincular o problema ao aspecto histórico de evolução das ciências. Tal como os obstáculos, os campos conceituais fornecem uma outra explicação para a formação das noções matemáticas.

A teoria dos *campos conceituais* está em sintonia com o problema do significado do saber escolar, visando à realização dos valores educacionais da matemática. Mesmo que essa teoria não tenha sido criada para ser aplicada somente no ensino da matemática, sua pertinência a essa área se deve às condições oferecidas a uma estruturação progressiva dos conceitos. As pesquisas que fundamentaram ao desenvolvimento da teoria dos campos conceituais dizem respeito à compreensão de situações que envolvem o estudo das operações aritméticas fundamentais. Um dos aspectos dessa teoria é valorizar o trabalho com uma diversidade de situações, em que aparecem os invariantes conceituais. Isso faz com que o saber escolar tenha mais significado para o aluno, em vista da proximidade desse para com as situações apresentadas. O problema da formação de conceitos aparece com mais clareza quando levamos a questão para o plano da ação educativa, a qual pode ser analisada através da noção de situações didáticas, integrando os aspectos teórico e prático da Didática da Matemática.

Por meio da noção de *situações didáticas* é possível descrever uma tipologia de atividades previstas para o ensino da matemática, cada qual voltada para o desenvolvimento de uma competência ou habilidade associada essa disciplina. A criação de uma situação didática pode ser iniciada pela escolha de um problema colocado para despertar a motivação do aluno. A princípio, a aprendizagem de uma noção particular da matemática exige do aluno a realização de um conjunto de ações também específicas, daí a conveniência de uma classificação das situações didáticas. Os tipos de situações descritas por Brousseau, são: *ação, formulação, validação e institucionalização,* as quais variam, desde a realização de ações experimentais, até o trabalho mais abstrato e genérico da validação lógica do saber matemático.

Ainda quanto aos tipos de situações didáticas, somos levados a refletir sobre as possíveis transformações decorrentes da inserção das novas tecnologias da informática na educação escolar. O uso do computador na educação escolar pode alterar os tipos tradicionais de situações didáticas? Esta nos parece ser uma importante questão plenamente pertinente aos desafios contemporâneos da Educação Matemática.

O funcionamento das situações didáticas ocorre sob o controle de regras e de condições que constituem a noção de *contrato didático*. De início, defendemos que o contrato didático não deve ser interpretado no mesmo sentido dos contratos jurídicos, em que as partes envolvidas se restringem à regras explícitas e objetivas, pois, no caso escolar, as diferenças individuais impedem uma normatização absoluta das ações educativas. A ação didática envolve regras do comportamento humano, que não podem ser totalmente previsíveis ou mensuráveis. Por outro lado, muitas regras do contrato didático são mantidas apenas pela tradição de uma cultura oral e o seu sentido recebe diferentes interpretações.

Nesse sentido, é preciso refletir até que ponto os sujeitos envolvidos na ação educativa podem contribuir para o aprimoramento de suas regras. Seria este contrato um instrumento inflexível, entendido como uma imposição de poder? Como nem todos os acontecimentos de uma aula podem ser previstos, surge a motivação para estudar os efeitos didáticos, associados à postura do professor, diante de certas dificuldades que ele pode vivenciar em sala de aula.

Os *efeitos didáticos* se caracterizam como certos momentos decisivos para o sucesso ou para a continuidade da aprendizagem, quando o professor é desafiado a tomar decisões para tentar superar essas dificuldades; caso contrário, a situação pode indicar um fracasso no ensino. Pensamos que um dos efeitos mais interessantes, conforme descrição de Brousseau, é a situação em que o professor, diante de uma dificuldade manifestada pelo aluno, e com a vontade de superá-la rapidamente, decide antecipar-lhe indevidamente a resposta do problema estudado. Um outro tipo de efeito está associado à situação em que o professor, tendo esgotado seus argumentos didáticos, passa a explicar o problema com base somente em suas opiniões pessoais. Conforme podemos perceber nesses dois exemplos, os efeitos didáticos são, quase sempre, consequência direta da competência do professor.

Perspectiva de uma tendência educacional

A proposta da *Didática da Matemática* é constituída pelas relações existentes entre os conceitos e teorias aqui analisados e por vários outros que se encontram descritos nas fontes originais. Todos esses elementos são caracterizados em função da especificidade do saber matemático, sem perder de vista seus vínculos com os aspectos social, histórico, político, científico, entre outros. Assim, a expansão dessa tendência da Educação Matemática depende da forma como suas pesquisas estejam atentas, tanto à valorização do saber matemático, como a uma proposta educacional significativa para os sujeitos nela envolvidos. Finalmente, quando os saberes da Matemática e da Educação são aceitos como referenciais, a formação de conceitos passa a ocupar uma posição central na estruturação das situações didáticas. Dessa forma, a área deve contribuir na transposição da produção de pesquisa para a realidade de formação e de atuação dos professores que ensinam matemática. A análise descrita neste livro é uma tentativa de participar coletivamente desse grande desafio educacional.

Notas

Introdução – Conceitos da Didática da Matemática

[1] Estamos utilizando a expressão tendência teórica para representar a existência de um certo coletivo de pesquisadores em Educação Matemática, que compartilha de um mesmo referencial teórico. Por exemplo: Etnomatemática; Psicologia cognitiva da Matemática; Modelagem Matemática; História Da Matemática, Didática Da Matemática, entre vários outros.

[2] Entendemos o sistema didático como uma estrutura composta de nove elementos principais: professor, aluno, conhecimento, planejamento, objetivos, recursos didáticos, instrumentos de avaliação, uma concepção de aprendizagem e metodologia de ensino. A interação entre esses elementos sintetiza a essência da disciplina didática, entendida como indispensável para a condução da prática pedagógica.

Cap. I – Trajetórias do saber e a transposição didática

[3] Maurice Fréchet foi um matemático francês, que no início do século XX mostrou a necessidade de expressar a teoria das funções em termos da teoria dos conjuntos, definindo em um espaço de funções uma noção mais ampla de distância. Para mais detalhes, ver Boyer (1974), p. 452-454.

[4] Conforme nossos pressupostos, a avaliação didática é uma das componentes fundamentais do sistema didático, conforme definimos em nota anterior, sendo essencialmente condicionada pela natureza específica do saber matemático escolar. Sua análise não deve ser realizada de forma isolada das demais componentes do sistema.

Cap. III – Obstáculos epistemológicos e didáticos

[5] A crise dos fundamentos da ciência, ocorrida em início do século XX, consistiu em um grande movimento da lógica matemática, em que se conclui pela impossibilidade da obtenção de uma verdade plena e absoluta num sistema de axiomas. O ponto central da crise foi a demonstração do teorema de Goedel. Para mais detalhes, ver o livro de Boyer (1974, p. 444).

Cap. VIII – Questões metodológicas e a engenharia didática

[6] Para maiores esclarecimentos quanto ao método fenomenológico na pesquisa educacional, ver o texto da Profa. Maria Aparecida Bicudo, Pesquisa Qualitativa em Educação, da Editora Unimep e também o livro de Antonio Muniz Rezende, Concepção Fenomenológica de Educação, da Editora Cortez.

Bibliografia comentada

Todos os valores, conceitos e métodos da Didática da Matemática, analisados nos capítulos precedentes, resultaram da interpretação que produzimos em vista de nossa trajetória por uma bibliografia que aqui comentamos. A leitura dos comentários deve ser feita com a ressalva de que não se trata de uma lista ortodoxa de obras submetida ao crivo de uma tendência educacional preestabelecida. A proposta é feita com a intenção de contribuir na busca de uma referência para a Educação Matemática, procurando não desconectar a análise didática do cenário maior dos desafios da atualidade. Como existe um reduzido número de textos específicos em língua portuguesa referentes à Didática da Matemática e é preciso buscar leituras acessíveis, em nível introdutório à pesquisa educacional. Assim, somos levados a obras que, mesmo não sendo específicas da didática, oferecem uma fundamentação para os desafios educacionais da pós-modernidade. São essas as razões que nos levaram a priorizar a escolha de textos não delimitados em uma visão redutora do fenômeno educacional.

BACHELARD, G. *A formação do espírito científico*. São Paulo: Contraponto, 1996.

É a principal obra epistemológica de um dos principais filósofos da ciência do século XX. Sua leitura é importante devido à influência considerável do pensamento de Bachelard na didática das ciências e da matemática, conforme mostram várias citações de educadores dessas áreas. Esse fato nos leva a uma atenção maior quanto a sua importância, sobretudo, quando se busca uma base epistemológica para a didática. Nesse livro encontra-se a fonte original do conceito de *obstáculo epistemológico*, servindo de referência para a construção da objetividade da ciência. A transposição dessas ideias, do espaço das ciências naturais para a matemática, fornece uma ampla temática de pesquisa para a didática.

BACHELARD, G. *O racionalismo aplicado*. Rio de Janeiro: Zahar, 1977.

O livro analisa as condições da passagem do saber cotidiano para o saber científico, através da condução de uma consciência pedagógica. Pelo fato do autor ter sido professor de ciências, por vários anos, manifesta a intenção de implementar uma interpretação pedagógica da filosofia das ciências. Sua análise mostra as razões para persistir na busca de uma síntese entre a dimensão experimental e teórica da ciência, lembrando que toda experiência deve ser submetida a uma atenciosa reflexão teórica e que toda formulação racional deve ser submetida a um persistente controle experimental. Em particular, apresenta o conceito de *vigilância intelectual* que é destacado, por nós, como base para um estudo mais significativo da Educação Matemática.

DELEUZE, G. e GUATTARI, F. *O que é Filosofia*. Rio de Janeiro: Editora 34, 1977.

Uma das características desse livro é considerar a diversidade em que se desenvolve o pensamento humano, colocando ao leitor o desafio de perceber os laços entre o múltiplo e o singular, o heterogêneo e o homogêneo, a repetição e a diferença. Se por um lado, há uma dualidade implícita na obra, por outro, há também a sua superação, abrindo espaço para uma compreensão mais ampla do fenômeno de formação das ideias humanas. A importância desse estudo para a Educação Matemática é compreender a intensidade do fluxo permanente criações, sinuosidades e desafios que subsistem ao aspecto formal e linear em o saber é apresentado. É um caminho para entender as bases da dualidade do conhecimento.

LÉVY, P. *A inteligência coletiva*. São Paulo: Loyola, 1998.

A leitura desse autor favorece a aproximação da educação escolar dos desafios delineados pelo mundo digital, analisando a importância dos novos meios de comunicação para a leitura do mundo tecnológico, sem incorrer na vertente catastrófica de um possível impacto. O livro trata da valorização dos coletivos inteligentes, de uma consciência ecológica generalizada, antevendo condições para a expansão da democracia através da tecnologia. Cultivando um primoroso estilo de redação, valorizando a dimensão cultural e antropológica, o livro apresenta uma continuidade de ideias e conceitos propostos por Deleuze e Guattari. Sua leitura é importante por contribuir com na edificação de conceitos didáticos em sintonia com as novas tecnologias da informática.

PARRA, Cecília (Org.). *Didática da Matemática.Reflexões psicopedagógicas*. Porto Alegre: Artes Médicas, 1996.

O livro aborda as seguintes temáticas específicas da Didática da Matemática: o sistema de Numeração: um problema didático; a geometria, a psicogênese das noções espaciais e o ensino da geometria na escola primária; a Didática da Matemática; Dividir com dificuldade ou a dificuldade de dividir; cálculo mental na escola primária; os diferentes papéis do professor; matemática para não matemáticos; aprendendo com a resolução de problemas. Um dos méritos desta obra é a descrição de resultados de pesquisa que reforçam a consistência dos conceitos didáticos apresentados no plano teórico.

MACHADO, Sílvia (Org.). *Educação Matemática. Uma introdução*. São Paulo: PUC, 1999.

Esse livro é composto por uma coletânea de oito ensaios sobre as seguintes temáticas: Transposição didática, contrato didático, situações didáticas, obstáculos epistemológicos, dialética ferramenta-objeto, registros de representação, campos conceituais e engenharia didática. O objetivo do texto é favorecer uma primeira leitura das ideias concernentes ao objeto da Didática da Matemática e à forma usual de sua estruturação metodológica, de forma a delinear uma referência para os desafios específicos dessa área educacional.

BROUSSEAU, G. Fondements et Méthodes de la Didactique des Mathématiques. *RDM* , v. 7, n. 2, p. 33-116, Paris, 1986.

O autor descreve vários conceitos e métodos fundamentais da Didática da Matemática, através de um texto que marcou uma posição importante na constituição teórica da área. Isso se deve à apresentação da essência do objeto de estudo, ressaltando diferenças entre as atividades do matemático, do professor e do aluno. Em particular, a noção de situações didáticas ocupa um lugar de destaque nesta concepção da didática. Brousseau apresenta um modelo didático específico para a matemática, mostrando detalhes do funcionamento de seus diversos elementos.

BRUN. J. (Org.). *Didactique des Mathématiques*. Paris: Delachaux et Niestlé, 1996.

Esse livro é composto pelas seguintes temáticas e autores: *Evolution des rapports entre la psycologie du développemente cognitif eta la didactique des matehématiques*, Jean Brun; *Fondementes et méthodes de la didactique des mathématiques*, Guy Brousseau; *Conceptos fondamentaux de la didactique: perspectives apportées par une approche anthropologique*, Yes Chevallard; *La théorie des Champs conceptuels*, Gérard Vergnaud; *Ingénierie didactique*, Michèle Artigue; *Savoir et connaissance dans la perspective de la transposition didactique*, François Conne.

CHEVALLARD, Y. *La Transposition Didactique*. Paris: La Pensée Sauvage, 1991.

O autor analisa o fenômeno da movimentação dos saberes procedentes de diversas fontes de influência para o contexto escolar. A transposição didática é analisada como a passagem do saber científico, produzido na dimensão acadêmica, para o saber ensinado pelo professor em sala de aula. Nessa trajetória, o conteúdo escolar ainda passa pelo estatuto de um saber a ser ensinado. O conjunto das transformações é considerado com base nas múltiplas fontes de influência que condicionam mudanças na forma e no conteúdo final dos saberes escolares. Trata-se de uma análise das diversas raízes do currículo escolar, levando em consideração a especificidade do saber matemático.

VERGNAUD, G. *Teoria dos campos conceituais*. I Seminário Internacional de Educação Matemática, UFRJ. Rio de Janeiro, 1993.

O autor desenvolve uma teoria didática, oferecendo um quadro de referência para concepção que valoriza a elaboração dos conceitos matemáticos. A preocupação do autor é estudar as conexões e rupturas entre os conceitos, sempre destacando esse fenômeno do ponto de vista dos conceitos matemáticos. Os conceitos descritos se constituem como uma interpretação para a questão didática da contextualização do saber matemático, além de tratar dos teoremas implícitos que são formas primitivas de constituição das noções científicas.

ASTOLFI, J. P.; DEVELAY, M. *A didática das ciências*. Campinas: Papirus,1990.

O livro apresenta, de forma clara e bem ilustrativa, alguns conceitos de didática das ciências e da matemática, conduzidos pela intencionalidade de uma ação didática mais significativa para essas áreas do saber escolar. Os autores deixam transparecer uma concepção didática que revela a importância da dimensão epistemológica para a educação nas áreas de ciências e de matemática, além de mostrar uma certa proximidade entre os interesses da educação em ciências e os conceitos pertinentes também à Didática da Matemática.

JOHSUA, S.; DUPIN, J-J. *Introduction à la didactique des sciences et des mathématiques*. Paris: PUF, 1993.

É um texto com 422 páginas, que descreve uma extensa lista de conceitos específicos do ensino de ciências e de matemática. Seguindo a tendência de uma linha de educadores franceses, há o destaque da importância do referencial epistemológico para a elaboração teórica da didática. Além dessa visão, apresenta também um capítulo específico para tratar de questões da psicologia cognitiva. Trata-se de uma análise atenciosa da produção da pesquisa educacional na área, o que fornece ao leitor uma série de exemplos ilustrativos para os conceitos e teorias estudados. Um dos méritos dessa obra é descreve vários exemplos de pesquisas, nas quais intervêm os conceitos didáticos da matemática.

Referências

ARTIGUE, M. Ingénierie didactique. In: BRUN, J. (Org.). *Didactique des Mathématiques*. Lausanne-Paris: Delachaux, 1996.

ASTOLFI, J. P.; DEVELAY, M. *A didática das ciências*. Campinas: Papirus, 1990.

BACHELARD, G. *A filosofia do não*. Pensadores. São Paulo: Abril, 1978.

BACHELARD, G. *A formação do espírito científico*. São Paulo: Contraponto, 1996.

BACHELARD, G. *O racionalismo aplicado*. Rio de Janeiro: Zahar, 1977.

BALACHEFF, N. *Une étude des processus de preuve en mathématique chez des élèves de collège*. Tese, Universidade J. Fourier, Grenoble, 1988.

BALDY, R.; DUVAL, J. Lecture, écriture et comparaisons de volumes in Perspective Cavalière. *Bulletin de Psychologie*, n. 386, Paris, 1987, p. 617-624.

BARUK, S. *L'âge du Capitaine De l'erreur em mathématiques*. Paris: Ed. Du Seuil, 1990.

BECKER, F. *A epistemologia do professor*. Petrópolis: Vozes, 1997.

BOMBASSARO, L. C. *As fronteiras da epistemologia*. Petrópolis: Vozes, 1997.

BOYER, C. *História da Matemática*. São Paulo: Edgard Blucher, 1974.

BROUSSEAU, G. Fondements et Méthodes de la Didactique des Mathématiques. In: BRUN, J. (Org.). *Didactique des Mathématiques*. Lausanne-Paris: Delachaux, 1996.

BROUSSEAU, G. Le contrat Didactique: Le Milieu. *RDM*, v. 9, n. 3, Paris, 1988, p. 309-336.

BROUSSEAU, G. *Théorie des situations didactiques*. Paris: La Pensée Sauvage, 1998.

BRUN, J. *et alli* (Org.). *Didactique des Mathématiques*. Lausanne-Paris: Delachaux, 1996.

CHEVALLARD, Y. *La Transposition Didactique*. Paris: La Pensée Sauvage, 1991.

CONNE, F. Savoir et Connaisance dans la Perspective de la Transposition Didactique. In: BRUN, J. (Org.). *Didactique des Mathematiques*. Paris: Delachaux, 1996.

DAVIS, P.; HERSH, R. *A experiência Matemática*. Rio de Janeiro: Francisco Alves, 1985.

DELACAMPAGNE, C. *História da filosofia no século XX*. Rio de Janeiro: Ed. Jorge Zahar, 1997.

DELEUZE, G.; GUATTARI, F. *O que é a Filosofia?* Rio de Janeiro: Editora 34, 1997.

FILLOUX, J. *Du contrat pédagogique*. Paris: Dunond, 1974.

FRANCHI, A. Considerações sobre a Teoria dos Campos Conceituais. In: MACHADO, S. (Org.). *Educação Matemática – uma introdução*. São Paulo: Ed. PUC-SP, 1999.

FREITAS, J.L. Situações didáticas. In: MACHADO, S. (Org.). *Educação Matemática – uma introdução*. São Paulo: Ed. PUC-SP, 1999.

GONSETH, F. *Les Mathématiques et la Réalité*. Paris: Albert Branchard, 1974.

IGLIORI, S. A noção de obstáculo epistemológico e a Educação Matemática. In: MACHADO, S. (Org.). *Educação Matemática – uma introdução*. São Paulo: Ed. da PUC-SP, 1999.

JAPIASSU, H. *Interdisciplinaridade e patologia do saber*. Rio de Janeiro: Ed. Imago, 1976.

JAPIASSU, H.; Introdução ao pensamento epistemológico. Rio de Janeiro: Francisco Alves, 1992.

JOHSUA, S. *et alli. Introduction à la Didactique des Sciences et des Math*. Paris: PUF, 1993.

KHUN, T. S. *A estrutura das revoluções científicas*. São Paulo: Perspectiva, 1975.

KLINE, M. *O fracasso da Matemática moderna*. São Paulo: Ibrasa, 1976.

LAKATOS, I. *A lógica do descobrimento matemático*. Rio de Janeiro: Ed. Jorge Zahar, 1978.

LUCKESI, C. L. *Filosofia da Educação*. São Paulo: Cortez, 1994.

LUZURIAGA, L. *História da Educação e da Pedagogia*. São Paulo: Nacional, 1976.

MACHADO, S. Engenharia Didática. In: MACHADO, S. (Org.). *Educação Matemática uma Introdução*. São Paulo: Ed. PUC-SP, 1999.

PARRA, C.; ZAIZ, I. (Org.). *Didática da Matemática*. Porto Alegre: Artes Médicas, 1996.

PASTOR, J.; Adam P. *Metodologia de la Mat. Elemental*. B. Aires: I. Americano, 1948.

POPPER, K. *A Lógica da Pesquisa Científica*. São Paulo: Cultrix, 1974.

ROBERT, A. Problèmes méthodologiques en didactique des mathématiques. In: *Recherche in Didactique des Mathématiques*. Paris, v. 12/1, 1992, p. 35-58.

SCHUBRING, F. Sobre o Conceito de Obstáculo Epistemológico. *Anais* do I SIPEM – Seminário Internacional de Pesquisa em Educação Matemática. Serra Negra, 2000.

SILVA, B. Contrato Didático. In: MACHADO, S. (Org.). *Educação Matemática uma Introdução*. São Paulo: Ed. PUC-SP, 1999.

TORANZOS, I. *Enseñanza de la Matemática*. Buenos Aires: Kapelusz, 1963.

VERGNAUD, G. La théorie des champs conceptuels. In: BURN, J. (Org.). *Didactique des Mathématiques*. Lausanne-Paris: Delachaux, 1996.

ZAIZ, I. Análise de situações didáticas em geometria para alunos entre 4 e 7 anos. In: GROSSI, E. (Org.). *Construtivismo Pós-Piagetiano*. Petrópolis: Vozes, 1993.

Outros títulos da coleção

Tendências em Educação Matemática

A matemática nos anos iniciais do ensino fundamental – Tecendo fios do ensinar e do aprender
Autoras: *Adair Mendes Nacarato, Brenda Leme da Silva Mengali e Cármen Lúcia Brancaglion Passos*

Afeto em competições matemáticas inclusivas – A relação dos jovens e suas famílias com a resolução de problemas
Autoras: *Nélia Amado, Susana Carreira e Rosa Tomás Ferreira*

Álgebra para a formação do professor – Explorando os conceitos de equação e de função
Autores: *Alessandro Jacques Ribeiro e Helena Noronha Cury*

Análise de erros – O que podemos aprender com as respostas dos alunos
Autora: *Helena Noronha Cury*

Aprendizagem em Geometria na educação básica – A fotografia e a escrita na sala de aula
Autores: *Cleane Aparecida dos Santos e Adair Mendes Nacarato*

Brincar e jogar – Enlaces teóricos e metodológicos no campo da Educação Matemática
Autor: *Cristiano Alberto Muniz*

Da etnomatemática a arte-design e matrizes cíclicas
Autor: *Paulus Gerdes*

Descobrindo a Geometria Fractal – Para a sala de aula
Autor: *Ruy Madsen Barbosa*

Diálogo e aprendizagem em Educação Matemática
Autores: *Helle AlrØ e Ole Skovsmose*

Educação a Distância *online*
Autores: *Marcelo de Carvalho Borba, Ana Paula dos Santos Malheiros e Rúbia Barcelos Amaral*

COLEÇÃO TENDÊNCIAS EM EDUCAÇÃO MATEMÁTICA

Educação Estatística – Teoria e prática em ambientes de modelagem matemática
Autores: *Celso Ribeiro Campos, Maria Lúcia Lorenzetti Wodewotzki e Otávio Roberto Jacobini*

Educação Matemática de Jovens e Adultos – Especificidades, desafios e contribuições
Autora: *Maria da Conceição F. R. Fonseca*

Etnomatemática – Elo entre as tradições e a modernidade
Autor: *Ubiratan D'Ambrosio*

Etnomatemática em movimento
Autoras: *Gelsa Knijnik, Fernanda Wanderer, Ieda Maria Giongo e Claudia Glavam Duarte*

Fases das tecnologias digitais em Educação Matemática – Sala de aula e internet em movimento
Autores: *Marcelo de Carvalho Borba, Ricardo Scucuglia Rodrigues da Silva e George Gadanidis*

Filosofia da Educação Matemática
Autores: *Maria Aparecida Viggiani Bicudo e Antonio Vicente Marafioti Garnica*

Formação matemática do professor – Licenciatura e prática docente escolar
Autores: *Plinio Cavalcante Moreira e Maria Manuela M. S. David*

História na Educação Matemática – Propostas e desafios
Autores: *Antonio Miguel e Maria Ângela Miorim*

Informática e Educação Matemática
Autores: *Marcelo de Carvalho Borba e Miriam Godoy Penteado*

Interdisciplinaridade e aprendizagem da Matemática em sala de aula
Autores: *Vanessa Sena Tomaz e Maria Manuela M. S. David*

Investigações matemáticas na sala de aula
Autores: *João Pedro da Ponte, Joana Brocardo e Hélia Oliveira*

Lógica e linguagem cotidiana – Verdade, coerência, comunicação, argumentação
Autores: *Nílson José Machado e Marisa Ortegoza da Cunha*

Matemática e arte
Autor: *Dirceu Zaleski Filho*

Modelagem em Educação Matemática
Autores: *João Frederico da Costa de Azevedo Meyer, Ademir Donizeti Caldeira e Ana Paula dos Santos Malheiros*

O uso da calculadora nos anos iniciais do ensino fundamental
Autoras: *Ana Coelho Vieira Selva e Rute Elizabete de Souza Borba*

Pesquisa em ensino e sala de aula – Diferentes vozes em uma investigação
Autores: *Marcelo de Carvalho Borba e Helber Rangel Formiga Leite de Almeida e Telma Aparecida de Souza Gracias*

Pesquisa Qualitativa em Educação Matemática
Organizadores: *Marcelo de Carvalho Borba e Jussara de Loiola Araújo*

Psicologia na Educação Matemática
Autor: *Jorge Tarcísio da Rocha Falcão*

Relações de gênero, Educação Matemática e discurso – Enunciados sobre mulheres, homens e matemática
Autoras: *Maria Celeste Reis Fernandes de Souza e Maria da Conceição F. R. Fonseca*

Tendências internacionais em formação de professores de Matemática
Organizador: *Marcelo de Carvalho Borba*

Este livro foi composto com tipografia Minion Pro e impresso
em papel Off white 70 g na Artes Gráficas Formato.